# 青岛市普通国省干线
# 公路施工标准化指南
## 工地建设

QINGDAOSHI PUTONG GUOSHENG GANXIAN GONGLU
SHIGONG BIAOZHUNHUA ZHINAN GONGDI JIANSHE

青岛市公路管理局 编

人民交通出版社股份有限公司
China Communications Press Co.,Ltd.

## 内 容 提 要

本指南系对青岛市在公路建设管理中推行施工标准化的经验和做法进行的总结提炼，内容涵盖了工地建设标准、施工工艺要点、安全生产管控、建设管理等方面。本书为工地建设分册，共分6个章节：总则、驻地建设、场站建设、工地试验室、临时工程、安全文明施工。

本书适用于国省干线公路新建、改(扩)建及养护、大中修工程项目的工地建设管理，其他等级公路可参考使用。

**图书在版编目(CIP)数据**

青岛市普通国省干线公路施工标准化指南. 工地建设 / 青岛市公路管理局编. — 北京 : 人民交通出版社股份有限公司, 2015.11

ISBN 978-7-114-12499-0

Ⅰ. ①青… Ⅱ. ①青… Ⅲ. ①地方道路—道路施工—标准化管理—青岛市—指南 Ⅳ. ①U415.1-62

中国版本图书馆 CIP 数据核字(2015)第212448号

**书　　名**：**青岛市普通国省干线公路施工标准化指南　工地建设**
**著 作 者**：青岛市公路管理局
**责任编辑**：王　霞
**出版发行**：人民交通出版社股份有限公司
**地　　址**：(100011)北京市朝阳区安定门外外馆斜街3号
**网　　址**：http://www.ccpress.com.cn
**销售电话**：(010)59757973
**总 经 销**：人民交通出版社股份有限公司发行部
**经　　销**：各地新华书店
**印　　刷**：中国电影出版社印刷厂
**开　　本**：880×1230　1/16
**印　　张**：8.75
**字　　数**：180千
**版　　次**：2015年11月　第1版
**印　　次**：2015年11月　第1次印刷
**书　　号**：ISBN 978-7-114-12499-0
**定　　价**：38.00元

# 《青岛市普通国省干线公路施工标准化指南》
# 编审委员会

**主 任 委 员：**赵子义

**副主任委员：**崔学军　孔大川

**委　　　员：**崔建辉　逄锦汀　陈忠学　秦克升　王祥木
张　耀　李前进　任建广　王永敏

## 本分册编写人员

**主　　　编：**王永敏

**副　主　编：**吴净洁　王雪峰

**参 编 人 员：**（按姓氏笔画排列）
马鸿健　白春芳　孙国栋　朱　捷　初金章
宋秀美　张宪堂　李　明　陈学波　周小舟
周晓东　庞　斌　祝玉巍　贺剑飞　赵恒博
栾桂玺　谭　伟

# 序

为适应经济社会发展形势,青岛市公路管理局立足公路发展的阶段性特征,提出当前和今后一个时期以转型升级、改革创新为主线,集中力量重点推进“六化”发展,打造青岛公路升级版,从而实现更高水平的公路现代化。其中,“施工标准化”是按照交通运输部要求,在青岛市普通国省干线公路建设领域深入实施的一项重要内容,目前已在全市公路基建项目普遍应用,必将对今后的公路建设项目产生积极深远的影响。

自2012年提出在青岛市推行施工标准化以来,我们始终坚持把统一思想、提高认识作为前提,紧紧围绕提高公路建设管理水平这一目标,通过试点、总结,到逐步推进、提升,再到全面推行,将施工标准化由单项工程试点示范推向全覆盖,由工地建设推向工艺工法,由新建工程项目推向养护大中修工程。施工标准化的制度体系逐步完善,项目管理日趋规范,施工工艺方法更加先进精细,施工行为更加文明,在近几年青岛市公路建设规模持续高位的情况下,保证了工程质量稳中有升,安全生产形势总体平稳,使现代工程管理的理念更加深入人心。

理论源于实践,又指导实践,并在实践中总结提升。为了建立施工标准化长效机制,更好地规范指导今后公路建设,我们对推行施工标准化的经验和做法进行了总结提炼,组织编写了《青岛市普通国省干线公路施工标准化指南》系列丛书。这套系列丛书凝聚了青岛市广大公路工程建设管理人员的心血和智慧,总结了青岛市推行公路施工标准化的经验和做法,涵盖了工地建设标准、施工工艺要点、安全生产管控、建设管理等内容,突出源头管理、工艺工法和全过程控制,内容全面系统、条理清晰、重点突出,简明扼要,图文并茂,可操作性强,具有很强的实用价值和指导意义。

推行施工标准化关键在于落实。希望青岛市公路建设从业单位和从业人员,把《青岛市普通国省干线公路施工标准化指南》深学细研、贯彻落实,更新公路建设管理核心理念,转变公路建设管理方式,让施工标准化成为工作理念、工作流程、工作习惯,促使青岛市公路建设项目品质不断提升,为青岛市建设宜居幸福城市提供良好的公路基础条件。

赵子義

**2015 年 8 月**

# 前　言

为落实“施工标准化、养护机械化、管理信息化、服务人本化、路网一体化、农村公路管理规范化”发展规划，青岛市公路管理局按照交通运输部要求深入实施普通国省干线公路建设施工标准化建设，经过三年的试点、总结、推广工作，标准化建设初具成效，基本实现新改建及养护大中修项目全覆盖，为进一步推进成果转化、形成长效机制，青岛市公路管理局组织编写了《青岛市普通国省干线公路施工标准化指南》系列丛书。

本套丛书共分五个分册：工地建设、计量支付、平安工地、现场管理、工艺指南。本书为《工地建设》分册，共分为6个章节：总则、驻地建设、场站建设、工地试验室、临时工程、安全文明施工。分别从驻地、试验室、场站的基础建设、人员组成、设施配备、标识标准、体系建立、制度建设、管理流程等方面提出了具体要求，明确了具体做法。

吴净洁负责本书总则、驻地建设、场站建设、临时工程、安全文明施工部分的编写工作，王雪峰负责工地试验室部分的编写工作。栾桂玺、白春芳、周晓东参加了驻地建设部分的编写，初金章、庞斌、马鸿健、张宪堂参加了场站建设部分的编写，宋秀美、陈学波、李明、赵恒博参加了工地试验室部分的编写，贺剑飞、孙国栋、周小舟参加了临时工程部分的编写，祝玉巍、谭伟、朱捷参加了安全文明施工部分的编写。全书由王永敏统稿并主编。

本《指南》是针对山东省青岛市普通国省干线公路参建单位质量安全管理提出的基本要求，各相关单位可根据实际情况进一步细化或强化。受水平所限，书中难免存在不足之处，希望大家在实践中提出好的意见和建议，以臻完善。

编者

2015年8月

# 目　　录

# 1 总则

## 1.1 目的及适用范围

### 1.1.1 目的要求

为加快推行现代工程管理模式，促进工程管理的“七项”建设，努力实现青岛公路基建项目“六化”管理，全面提高青岛公路基建项目工程质量、安全及文明施工管理水平。实现“建设管理水平领先、工程施工质量优良、安全保障措施到位、建设成本控制严格、展示良好公路形象”的建设目标，编制本建设指南。

工地建设应本着节约资源、统筹规划、合理布局的原则，满足安全、环保、实用，以人为本的要求。

### 1.1.2 适用范围

本指南标准化工地建设包括驻地建设、场站建设、工地试验室、临时工程、施工现场文明施工五项内容，适用于青岛市公路新建、改建、大中修工程项目，所有参加本市公路基本建设项目的建设、施工、监理单位均应遵守本指南。

## 1.2 编制依据

国家及各级交通主管部门发布的与工程项目建设相关的文件、行业标准、规范、规程和指南等。

## 1.3 名词解释

(1)驻地：项目经理部、总监代表处及驻地监理处的办公生活区域。

(2)场站：包括拌和站(沥青混凝土、水泥混凝土、水稳材料)、钢筋加工场、小型构件预制场、梁板预制场、机械停放点及存料场、库房等。

(3)施工现场：包括路基、路面、桥梁、隧道、房建、机电、交通和绿化等施工工地。

(4)临时工程：为施工主体工程临时搭设的用电线路、便道和便桥等。

(5)交通保畅：工程施工路段封闭、半封闭交通后，对维持工程所在公路原有交通服务功能进行的交通疏导调整组织。

(6)试验施工:指路基路面试验路段、试验桩、混凝土试验浇筑、砌体试验段、预制构件首件等的试验性施工。

(7)小型项目:指合同工期小于5个月的且投资额小于3000万元的大中修工程,或投资额小于1000万元的独立桥梁工程,或总额合同价小于2000万元的非独立桥梁工程,交通、房建、机电、绿化等工程项目,以及其他市局同意采取小型项目标准进行工地标准化建设的项目。

## 1.4　总体要求

### 1.4.1　驻地选址要求

(1)靠近现场,离项目主线垂直距离2km范围内,交通便利,网络带宽不小于4Mbps。

(2)与居民区、学校等保持一定距离,避免影响工程沿线正常的社会生活。

(3)周边无不良地质及自然灾害威胁,须离集中爆破区500m以上。

(4)不能搭建在工程永久用地红线范围内。

(5)项目部驻地用地面积原则上不少于2500$m^2$,驻地监理处用地面积原则上不少于1500$m^2$,确因条件限制不能达到要求的,须报建设办进行审批。

(6)驻地可以自建或租用沿线合适的单位或民用房屋,自建房最低标准为拼装式活动板房,租赁已有房屋作为驻地的,须是独立院落且房屋标准符合本指南要求,以满足办公及生活需要,同时须经建设办审核同意后方可使用。

(7)小型项目的项目部占地面积可以降低到2000$m^2$,但须报建设办审批后方可实施。

(8)分片驻地监理处尽可能设置在靠近所辖工程项目地理中心且交通便利的位置,以便于及时到达各工程项目。

**1.4.2**　场站选址须满足1.4.1条第1、2、3款的规定同时须满足如下要求:

(1)严格遵循混凝土集中拌和、钢筋集中加工、构件集中预制、材料集中存放的“四集中”原则。

(2)原则上不得占用工程永久用地,受周边环境影响确需占用的,须报建设办审批同意后方可使用。

**1.4.3**　中标施工、监理单位在签订合同后,应及时组织人员按照1.4.1条及1.4.2条规定确定驻地及场站选址和建设方案,14d内以书面形式(格式见附表1-1、附表1-2)报建设办审核备案。在方案批准后21d内完成建设并自检,以书面形式(格式见附表2-1～附表2-3)报建设办验收。

# 2　驻地建设

## 2.1　一般规定

### 2.1.1　基本要求

(1)驻地建设应体现“以人为本”的理念,提升各参建单位的生产、生活条件。场站建设应体现管理集约化的理念,逐步推进工厂化生产。

(2)施工、监理单位应按照投标文件承诺规范用地及场地建设,严格做好“四通一平”(通路、通电、通水、通网及场地平整)。

(3)应满足工程项目信息化管理的要求,配备信息化硬件设备,满足工程信息的收集、整理、传送要求,推进对工程进度、质量、安全、计量、变更的信息化管理。

(4)办公区、生产区、生活区及车辆机具停放区等应设置合理、分区明确,场区内停车位施划停车线。

### 2.1.2　工地房屋要求

(1)工地房屋包括办公用房、生产用房和生活用房,房屋建设应坚固、实用、美观、隔热、防潮、通风,屋内地面用水泥硬化。

(2)房屋净空不低于2.6m,并进行基本装修,根据需要加装空调等取暖、降温设施,建筑面积符合招标文件及施工管理要求。

(3)办公用房一般包含各部室办公室、会议室、接待室、档案室、试验室等。会议室、接待室加铺复合地板。

(4)生活用房一般包含宿舍、厨房、食堂、浴室、洗手间、活动室等,厨房、食堂地面加铺地面砖。

(5)生产用房包括各类操作间、加工间等。

(6)自建房屋底层地面应高于场区20cm以上,每排房屋间距不小于8m。采用拼装式活动板房的,宜采用保温彩钢瓦板房,搭建不得超过两层,须采取防风措施,屋顶排水通畅。

(7)场站办公、生活用房须满足以下要求:

①办公用房总面积不低于$50m^2$,按场站综合部、场站技术部、场站试验室分区办公。

②生活区应按标准设置卫生间、洗澡间等基本生活设施,工作人员住宿条件应满足基本要求。

### 2.1.3　驻地、场站排水设施设置具体要求

（1）驻地、场站场地需根据地形设置单向或多向坡面排水，严禁出现积水现象。并根据地面区划设置综合排水沟等排水系统，将水引至场区以外。

（2）房屋设宽度不少于1m的地面散水，排水坡度≥3%。

（3）工地用房散水外设置顺房屋方向排水沟，场区内合理设置排水沟。主排水沟高×宽≥35cm×35cm，沟底纵坡≥1%，过水涵≥$\phi$35cm；一般排水沟高×宽为25cm×25cm，沟底纵坡≥1%，过水涵≥$\phi$25cm。所有排水沟必须采用砖砌加砂浆抹面或混凝土直接浇筑，上盖混凝土或铸铁雨水箅子。

### 2.1.4　驻地建设环保卫生要求

（1）工地用房门外设置铁质或铝合金防尘除泥地垫。

（2）生活区要严格保持厨卫分离距离。

（3）各功能区应设置垃圾池、沉淀池，污水必须妥善处理，符合排放标准后方能排出。

（4）各功能区设置足够数量的分类（可回收、不可回收）垃圾箱。

（5）生活、生产垃圾应定点堆放，及时处理，严禁乱扔乱弃，保持环境整洁。

（6）办公生活区应适当绿化，绿化面积原则上不低于办公生活区占地面积的10%。

（7）建立安全、卫生管理制度，落实专人维护和保洁。

### 2.1.5　驻地封闭式管理建设要求

（1）驻地区域设置护栏围墙，墙高185cm（基础高25cm、宽40cm），可采用锌钢栅栏等花式护栏或实体墙。

（2）驻地设置10m宽钢制伸缩门或推拉门，两边设门垛，门垛尺寸为80cm×80cm，高度为3m，贴墙面砖。有条件的设置门卫房。

（3）驻地范围内除绿化外全部采用不低于10cm厚的C15混凝土进行硬化处理，距场站大门50m内的进出驻地便道同步硬化。

（4）办公区中心区域需设置旗杆，旗杆底座三层，砖砌抹面镶花岗岩板材。旗杆可设1根（悬挂国旗）或3根（中悬国旗，两侧悬挂业主及企业标识彩旗），均选用四号旗：1 440mm×960mm；旗杆采用不锈钢材料制作，旗杆高度6～9m；国旗悬挂须符合相关规定（见图2-1-1）。

### 2.1.6　场站封闭式管理建设要求

（1）场站区域设置护栏围墙、实体墙或彩钢围挡，墙高185cm（基础高25cm、宽40cm）。

（2）场站设置10m宽大门，两边设砖砌门垛，门垛尺寸为80cm×80cm，高度为3m。

（3）场站道路、主要进出场道路要满足生产需要，宽度不低于6m，场站内道路尽量环行以减少会车交织冲突。场站道路以及距场站大门50m内的施工便道，采用不低于18cm的稳定基层加铺4cm厚的沥青或路基垫层加厚度为15cm的C25混凝土路面，确保晴天不扬尘，雨天不泥泞。

图 2-1-1 旗杆旗台示意图

## 2.2 施工单位驻地建设

**2.2.1** 办公用房建设要求

(1)各部门办公室应当硬隔离,单独办公,统一购置办公家具。办公设施摆放要做到整齐有序。各办公室须配备必要的计算机、打印机(每部室至少各 1 台),且具备上网条件,项目部需有传真机、扫描仪等必备的办公设备。

(2)项目部办公用房(不包括试验室)面积不低于 300m²,且须满足各部室用房面积要求。

(3)项目部人均办公用房建筑面积不应小于 6m²(不含会议室、接待室)。

(4)设置工地档案室。档案室面积不小于 15m²,须安装单冷空调和温湿度仪;配备统一的档案柜;所有的档案资料应当集中保存在档案柜内,配备专人负责日常档案整理,同时满足档案管理的相关要求。

(5)会议室面积不小于 60m²,并配备足够数量(满足 30 人以上)的会议桌椅、网线、投影仪等(见图 2-2-1)。

(6)接待室面积不少于 30m²,根据工程规模,接待室可以与会议室合用。

(7)分片监理的工程项目,项目经理部应设置不小于 15m² 的监理办公室(兼休息室),以便驻地监理处的现场监理。

(8)项目部设专用停车场,停车场地需画线标识,停车位不少于 15 个。

**2.2.2** 在报建设办审批后,小型项目的项目部办公用房(不含试验室)可以适度进行整合,但不得低于以下要求:

(1)项目部办公用房总面积(不包括试验室)不低于 200m²,部室可以合署办公,但须隔断办公、划分各部室办公区域。

(2)档案室面积不低于 10m²;接待室、会议室可以合并使用,总面积不低于 30m²;停车位不低于 8 个。

(3)其他建设标准不得低于 2.2.1 的相关条款要求。

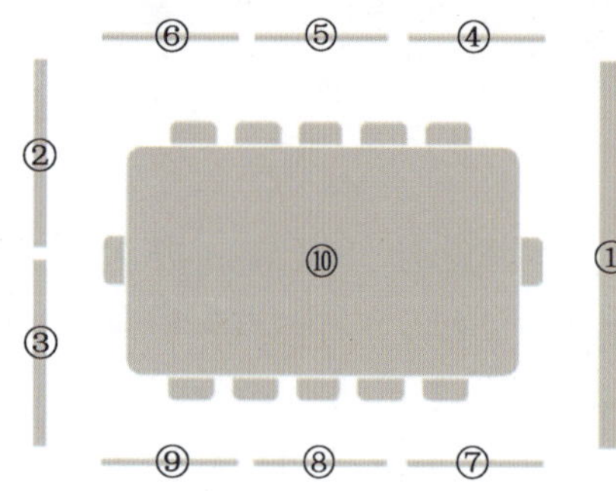


会议室布置平面：
①背景墙(投影仪幕布)
②形象进度图(下附横道图)
③工程平面效果图
④质量安全体系及制度
⑤廉政文化体系及制度
⑥文明环保体系及制度
⑦⑧⑨施工单位企业文化及业绩宣传

图 2-2-1　会议室示意图

### 2.2.3　项目部配套建设

项目部配套建设包括宿舍、食堂、卫生间、洗刷间、浴室、活动(学习)室等生活用房。所有项目部人员(含劳务人员)应分片区集中居住、统一管理，人均(不含劳务人员)生活用房居住面积不应小于 $4m^2$，劳务人员人均居住面积不小于 $3m^2$。

(1)宿舍

①建材耐火阻燃，设置可开启式门窗，门净宽不小于 0.8m，采光、通风良好，并设置纱窗，统一安装窗帘。

②保证每人单床(可采用高低床)，禁止设置通铺或采用钢管搭设上下铺，宿舍内床铺不得超过两层，底层床铺应高于地面 0.3m。

③生活用品应放置整齐，设专用生活专业组合柜，宜统一床单被罩。

④夏季有消暑、防蚊虫叮咬措施，冬季有保暖和防煤气中毒措施。

(2)食堂

①食堂距卫生间、垃圾池等污染区不小于 20m(租住楼房除外)；净空高度不低于 2.8m，瓷砖地面，保证不积水；锅台四周面、案板挨墙处贴白瓷砖，便于清洁，操作间(厨房)须与餐厅分隔，餐厅面积按高峰人数的 70% 计算，人均不小于 $1.0m^2$；灶台上方必须设置抽风机、吸油烟机等整套排烟系统。

②食堂应配备必要的排风设施和冷藏设施；燃气罐应单独设置存放间，存放间应通风良好，并严禁存放其他物品；炊具宜存放在封闭的橱柜内，食品储藏和菜板生、熟分开。

③厨房配备有冰柜（箱）、消毒柜、纱窗、纱门、纱罩等卫生硬件设施，公共餐具必须消毒处理。

④炉台、洗菜池、餐桌、地面等保持清洁，应设置泔水桶，其摆放位置合适，且能及时清理，食堂污水归集到独立的沉淀池处理。

⑤食堂内应设有防尘、蚊、蝇、鼠害设施，应设置隔离油池并及时清理。生活垃圾要装入容器，由专人管理及时清运。厨房应有防火设施。

⑥炊事员（包括工作人员）须有健康证，工作时必须穿工作服、戴工作帽。

（3）卫生间

①必须分设男、女厕所，厕所数量按不低于8人/间设置，厕所面积不低于1.5$m^2$/间，夏季加装纱窗、纱门。

②卫生间严禁使用旱厕，必须是水冲式厕所，配置通风措施，每个厕位设1.5m以上的砖墙或钢塑板隔离，并安装等高门。卫生间的污水不能乱排乱放，要设置密封的化粪池。

③厕所应每天进行清扫、冲刷、消毒，防止蚊蝇滋生，化粪池应及时清掏，要符合卫生要求。

（4）洗刷间

①洗刷间面积根据项目部总人数合理设置，总面积以20～30$m^2$为宜，小型项目以10～20$m^2$为宜。

②冷热水接入，设置足量的水龙头，数量不低于全体人数的30%，且须购置洗衣机。

③洗刷水池、墙面（彩钢瓦房除外）、地面须铺装瓷砖，污水排放须经沉淀。

（5）浴室

①浴室须按项目部人员组成男、女分开设置，男浴室面积不低于10$m^2$/间，女浴室面积不低于5$m^2$/间。

②根据驻地总人数合理设置节水淋浴头，数量不低于全体人数的20%，冷热水接入。

③浴室应设置独立、封闭的沉淀池。

（6）活动（学习）室或职工之家

①活动（学习）室或职工之家面积不小于20$m^2$。

②房顶选用阻燃材料，房间地面硬化，门窗齐全，通风、照明良好。

③室内具备活动（学习）条件，设施良好，应悬挂各项活动（学习）制度图表，必须配备电视机、视频播放设备、乒乓球桌、报纸杂志栏（报纸杂志应及时更新）等。

④小型项目可以单设，面积不小于15$m^2$，也可与会议室合用，合用后的房屋面积不低于40$m^2$。

（7）可根据职工需要设置篮球场等户外活动场地；医疗室可根据项目部人数和距离医疗机构的方便程度设置，但应配备必要的常用非处方药物。

## 2.3　监理驻地建设

**2.3.1**　驻地用房

(1)办公用房建设

①各部门办公室应当硬隔离,单独办公,统一购置办公家具。办公设施摆放要做到整齐有序。各办公室须配备必要的计算机、打印机(每部室至少各1台),且具备上网条件,项目部须有传真机、扫描仪等必备的办公设备。

②监理驻地办公面积不小于200$m^2$(不包括工地试验室),要配备足够的房间以满足办公需要,房间布置合理。

③人均办公面积6$m^2$以上(不含会议室、接待室);总监、驻地监理工程师办公室面积20$m^2$以上。

④会议室面积不小于30$m^2$,并配备足够数量(不少于20人)的会议桌椅、网线、投影仪等。

⑤设置工地档案室。档案室面积不小于10$m^2$,须安装单冷空调和温湿度仪;配备统一的档案柜;所有的档案资料应当集中保存在档案柜内,配备专人负责日常档案整理,同时满足档案管理的相关要求。

⑥应设专用停车场,停车场地需画线标识,停车位不少于8个。

(2)监理处配套建设包括宿舍、食堂、卫生间、洗刷间、浴室、活动(学习)室等生活用房。具体要求参照2.2.3之规定。

**2.3.2**　其他基础建设执行《青岛市公路基建项目标准化施工监理实施细则》相关要求。

# 3　场站建设

场站须设相应的场站试验室，分办公室、操作室（水泥、砂石料、级配等），面积须符合工地试验室建设要求，用于现场取样、现场制作试件等，并按规定做好记录。

## 3.1　拌和站建设

### 3.1.1　基本要求

沥青混凝土、水泥混凝土、水稳粒料拌和站须按经监理审核报建设办审批后的方案建设，施工单位须在批复期限内完成包括围墙、排水、供水、供电、硬化、存料区及拌和楼等建设内容，计量标定合格、验收达标后方可投入生产运行。

（1）拌和站选址尽量设置在生活区、居民区下风向。

（2）场地面积应满足生产施工需求和进度要求，原则上不低于以下要求：水泥混凝土拌和站不小于5000m$^2$，沥青混凝土拌和站场地面积不小于30000m$^2$，路面底基层、基层等混合料拌和站场地不小于15000m$^2$。确因地形限制缩小规模的，须经监理审核后报建设办审批。

（3）拌和站应合理划分办公区、生活区、拌和作业区、材料区（集料堆放、库房）及设备停放区等，生活区和其他分区用砖墙等措施隔离。

（4）沥青混凝土、水泥混凝土拌和楼实际占地及四周10m范围内的场地（不含行车道），应铺设不小于16cm厚的级配碎石（或天然砂砾、风化砂等）基层，以及不小于10cm厚的C15水泥混凝土或4cm沥青面层。

（5）水稳粒料拌和机实际占地及四周各10m范围内的场地（不含行车道），应铺设不小于16cm厚的级配碎石（或天然砂砾、风化砂等）基层，以及不小于10cm厚的砂石面层。

（6）沥青混凝土、水泥混凝土拌和站进站口处须配备轮胎冲洗设备及冲洗平台，冲洗用水应设置沉淀池等净化、循环利用设施。

（7）拌和站所有的安装设备需设置不低于C30水泥混凝土基座，保证安装设备稳定牢固，必要时，采取扩大基础基座、设风缆拉绳等防倾覆措施。

（8）配备发电机组（或接入两条供电线路）作为备用电源，以防突然停电造成施工停滞或机械损毁。

（9）按照分区设置排水横坡，场地内合理设置矩形盖板排水沟（宽×高：30cm×40cm），沟底用砂浆抹面，并确保场内排水系统完善、通畅。设置的污水池、沉淀池，四周用高度不低于1m的砖墙围护，并加盖钢筋网池盖。站区内要做到雨天不积水、不泥泞，晴天不扬尘。

(10)拌和楼(站)出料仓下停放运输车地面硬化标准不低于场内道路硬化标准，地面高程原则上与周边持平，两侧设置矩形盖板排水沟，并设置污水池，污水经沉淀后排出，严禁将站内生产废水直接排放。

(11)场站场区、集料棚应设置照明设施。场站应设置集中生产垃圾存放点(垃圾池)，存放点地面用不低于20cm混凝土硬化，三周设37cm厚、高度不低于1m的砖墙围挡，并定期清运(见图3-1-1)。

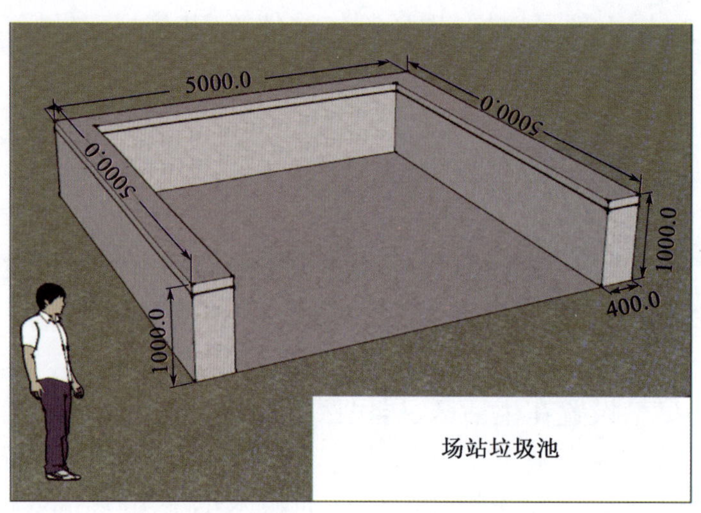


图3-1-1　生产垃圾池示意图(尺寸单位:mm)

### 3.1.2　拌和站料场

(1)集料、粒料存放区面积应至少满足一次性堆放项目材料总用量的30%的要求，严禁即进即用。

(2)用于工程的砂石料，按不同状态、规格，不同品种分区堆放，分区间用隔离墙分隔。隔离墙采用双墙中空加支撑式(37墙、墙距50cm)或60cm实体砖(片石)墙，高度一般不低于250cm。

(3)同一种规格砂石料应设置进料待验、已检待用两个存料区，这两个存料区可以相连但必须严格隔离，严禁使用进料待验材料。

(4)沥青混凝土、水泥混凝土拌和站，须设置三面上部1/3及顶部封闭、隔离墙分隔的轻型钢结构顶集料棚(见图3-1-2)，顶棚高度不低于7m，所有集料不得露天存放。

(5)水稳粒料拌和站材料存放区要合理分区，原则上一字形排列，存料场之间、存料场与拌和站间需留有足够宽度的通道，同时满足运输车辆和装载机等作业要求，并留有一定的余地。各种材料的堆放应做到一头齐、一条线，材料标识牌规范齐全。雨季施工时，细集料须采取覆盖防雨措施，避免雨后集料含水率过大影响拌和质量，有条件的场地建议设细集料大棚。

(6)各种存放区须按《关于进一步加强原材料质量控制的通知》规定设置原材料样品

池(见图 3-1-3)。

(7)规定采用水洗集料、需在存料场现场加设机械水洗设备的,应合理设置场区布置。水洗前后集料分区存放。要单独设置排水良好的水洗区及污水处理池、沉淀池,洗料后废水至少沉淀三次达到使用标准后方可重复使用。

(8)应设置废弃料存放区,并远离原材料存放区。严禁废弃料和不合格材料与合格材料混合存放,应按规定及时将其清运出场。

(9)沥青混凝土、水泥混凝土拌和站集料棚(集料存放区)应采用不低于 18cm 厚的 C20 水泥混凝土地面,水稳粒料拌和站粒料存放区应采用不低于 16cm 厚的水稳材料硬化地面。

(10)集料棚、粒料存放区地面应高于周围场区 20cm 以上,并设置中间高、四周低,且不低于 3% 的坡度以利于排水,其排水应与场站综合排水系统配套,避免雨后积水。

(11)运输汽车卸料时应用装载机配合,分层均匀堆放,同时严格控制集料堆放高度,一般不得超过 5m,防止集料离析。

图 3-1-2 集料棚示意图(尺寸单位:mm)

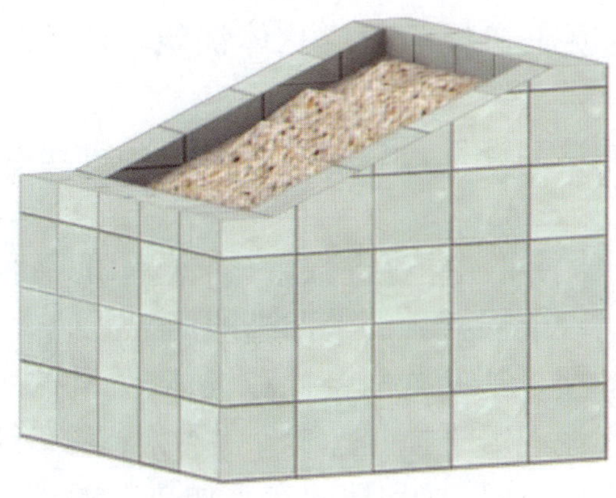

图 3-1-3 原材料样品池

### 3.1.3 拌和设备料仓

(1)上料仓数量应满足混合料配比要求,一般不低于 4 个。

(2)上料仓顶要安装防止超大粒径材料进入的振动筛(钢筋网盖);上部搭设防雨棚,防雨棚高度以不影响装载机上料为准;料仓间焊接高度不低于1m的钢板以防止串料,上料装载机铲斗宽度须与料仓宽度匹配(见图3-1-4)。

图3-1-4　上料仓示意图

(3)上料坡道两侧及靠近料仓端应设砌石(砖)挡墙,并按场区道路标准进行硬化。

(4)上料装载机铲料时,铲斗应与地面留有一定间距,严禁铲底上料。

### 3.1.4　拌和设备

1)水泥混凝土拌和楼

(1)水泥混凝土拌和楼建设应满足以下基本要求:

①除特殊情况(混凝土用量极少、市区施工)外,应设水泥混凝土拌和楼,原则上不得使用商品混凝土。

②应根据混凝土工程量、地形、施工便道及混凝土运输距离,设置强制式拌和机设备,且拌和机应具备电脑控制和打印功能。拌和能力须满足施工需要,保证在施工高峰期拌合料不间断供给、大体积混凝土初凝前完成总体浇筑。严禁使用小型拌和设备生产混凝土。

③拌和楼须采用质量法自动计量,水、减水剂采用全自动电子称量法计量,禁止采用流量或人工计量方式。

④拌和楼须使用散装水泥,水泥储存罐数量、容量、水泥品种应进行合理配置,一般不少于3个,以满足生产和试验检测需要,严禁即进即用。

⑤浇筑大体积混凝土的项目须设置两台拌和机,以免机械故障造成混凝土浇筑中断。

⑥应合理配备足够的水泥混凝土搅拌运输车、混凝土泵车等机械设备。

⑦用于低温水泥混凝土施工时,拌和楼须有水加热装置,混凝土罐车须有保温措施。

⑧拌和站由项目部直接管理,不得分包、转包给其他单位或个人。

⑨混凝土用量极少的工程项目经批准可以使用商品混凝土,使用前须经监理审查、建设办批准,并明确建设办和驻地监理对商品混凝土的具体管理、监理措施和相关责任人。

(2)市区施工受项目所在地限制、无法设拌和楼的,经批准可以租用社会拌和站进行混凝土拌和。

①租用拌和站的拌和设备能力须满足设计要求、拌和场站建设情况应满足本指南要求,须有单独存放各种粒料的集料棚空间。

②租用的拌和站仅为来料加工,水泥、集料质量应符合设计要求和市局规定,且须项目部独立采购并经监理、建设办验收。

③须明确施工单位和驻地监理对拌和站的具体管理、监理措施和相关责任人。除拌和站操作人员外,所有现场技术人员须是项目部投标承诺人员。驻地监理处须派驻现场监理人员,由此增加的费用由施工单位承担。

④原材料试验检测须符合市局相关规定,进行现场取样、工地试验室(或施工单位母体试验室)检测。混凝土须在施工现场取样,在工地试验室制作试件、养生,严禁委托拌和站人员进行试验检测。

⑤在租用期间,拌和站须是施工单位专用,不得再为其他单位加工拌合料。

⑥租用拌和站的施工单位须编制、上报专项方案,驻地监理应实地考察预审通过后报总监办(对于设置总监办的项目部)、建设办逐级审批。未经建设办批准严禁租用。

2)沥青混凝土拌和站

(1)沥青混凝土拌和站建设应满足以下基本要求:

①路面工程应设沥青混凝土拌和站或使用施工单位自有固定式拌和站,拌和站生产能力须满足合同和设计要求,不得使用商品沥青混凝土。

②应采用间歇式拌和机,须采用质量法自动计量,须有自动记录、逐盘打印功能。

③沥青储存罐须根据沥青型号和沥青用量合理配置,严禁不同型号沥青混装,矿粉罐应满足生产需要。沥青储存罐、矿粉罐须同时满足试验检测需要,严禁即进即用。

④拌和站控制室安装空调,以保证各部电气元件正常工作。且网络带宽不小于4Mbps,以便于设置拌和数据传输系统、视频监控系统。

⑤拌和站须设置方便检测沥青拌合料运输车辆出场温度的扶梯,扶梯高度应与运输车辆车厢板高度持平(见图3-1-5)。

图3-1-5 沥青拌合料温度检测扶梯

⑥拌和站须设置粉尘回收装置,配备粉尘外运罐车,严禁设置粉尘回流装置将粉尘作为矿粉再次利用。

(2)租用社会沥青拌和楼进行沥青混凝土混合料拌和加工的,其拌和站须按本指南和市局规定进行建设和管理,且须满足使用规定和符合管理要求。

①租用的拌和站拌和设备能力须满足设计要求、拌和场站建设情况应满足本指南要求,须有单独存放沥青的足够数量和容量的储存罐,以及单独存放各种粒料的足够集料棚

空间。

②租用的拌和站仅是来料加工，沥青、集料质量应符合设计要求和市局规定，且须项目部独立采购并经监理、建设办验收。

③须明确施工单位和驻地监理对拌和站的具体管理、监理措施和相关责任人。除拌和站操作人员外，所有现场技术人员须是项目部合同履约人员，严禁沥青拌合料拌和整体转包。驻地监理处须派驻现场监理人员，由此增加的费用由施工单位承担。

④须设置独立的现场试验室用于试验检测，利用拌和站已有试验室的，须通过监理、建设办验收，且由项目部实验人员操作、独立使用。严禁委托拌和站人员进行试验检测，严禁试验室混用。

⑤在租用期间拌和站须是施工单位专用，不得再为其他单位加工拌合料。

⑥租用拌和站的施工单位须编制、上报专项方案，驻地监理应实地考察预审通过后报总监办（对于设置总监办的项目部）、建设办逐级审批。未经建设办批准严禁租用。

3）水稳粒料拌和站

水稳粒料拌和站应满足以下基本要求：

①应根据基层工程量、地形、施工便道及运输距离，设置具有自动计量功能的拌和设备，拌和设备总拌和能力能满足施工需要。

②拌和楼须使用散装水泥，水泥储存罐数量、容量须合理配置，以满足每天拌和需要和试验检测需要，严禁即进即用。

③现场网络带宽不小于4Mbps，以便于设置拌和数据传输系统、视频监控系统。

### 3.1.5　规范管理

（1）拌和设备管理

①要建立设备维修保养制度，定期对设备进行维修保养，并建立设备维修保养台账。

②每次拌和生产结束后，应及时清理拌和设备、整理场站现场、清运废弃材料。

③拌和设备电子计量设备须按有关规定定期标定。

④拌和设备维修、清理时须设置拌和设备维修（清理）告知牌（见图3-1-6），严格按照操作规程，严禁带电作业。

图3-1-6　设备维修（清理）告知牌（宽60cm、高50cm）

(2)运输设备、机具管理

①沥青拌合料运输车辆需配置专用棉被用于覆盖沥青拌合料,棉被应采用双层缝制,下层为帆布、上层为棉被,四周固定于车厢。棉被尺寸须足以完全覆盖拌合料,并覆盖满载后的车厢的1/2。

②沥青混凝土运输车辆箱板清理时严禁使用油水混合物,宜用洗衣粉、植物油等混合液刷涂车厢底板、内侧侧板,但车厢底板不得留有积液。

③所有筑路机械分类进行编号,并在设备前右方、后左方有效标识(可采用施工单位标识,见图3-1-7)。

图3-1-7 筑路机械编号、标识示意图

④场站各类装、运机械应规整停放,每天作业完毕后在清洗区清洗后置入设备停放区固定位置(见图3-1-8)。

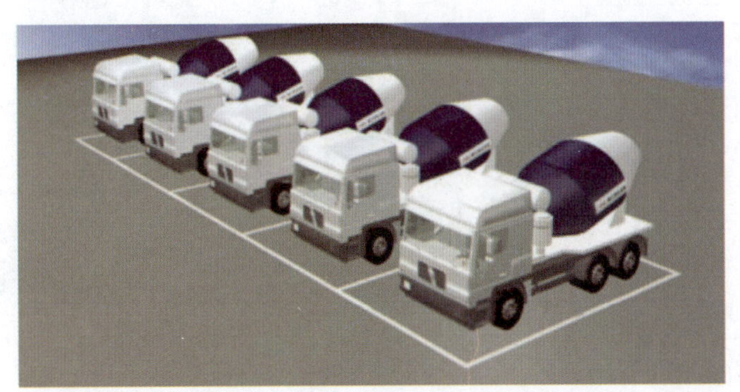

图3-1-8 运输机械设备停放示意图

⑤设备存放区须采取水稳材料或级配碎石进行简单硬化,并根据场站地形进行设置符合2.1.3规定的排水沟。

⑥运输设备应按规定定期清理、保养,避免对施工现场的二次污染。

⑦对于长时间不用的设备、小型设备、机电设备等要搭设机械大棚,避免遭受雨淋。

### 3.1.6 标示标牌

(1)功能区、砂石料标识牌执行《现场管理》分册规定,规定中未尽部分参照相应的标识类别标准制作。

（2）各类拌和设备前醒目位置须设置工艺流程控制牌、操作规程牌（见图3-1-9）和拌和站（楼）危险源告知牌（见图3-1-10）。

图3-1-9　工艺流程控制牌、操作规程牌（尺寸单位：mm）

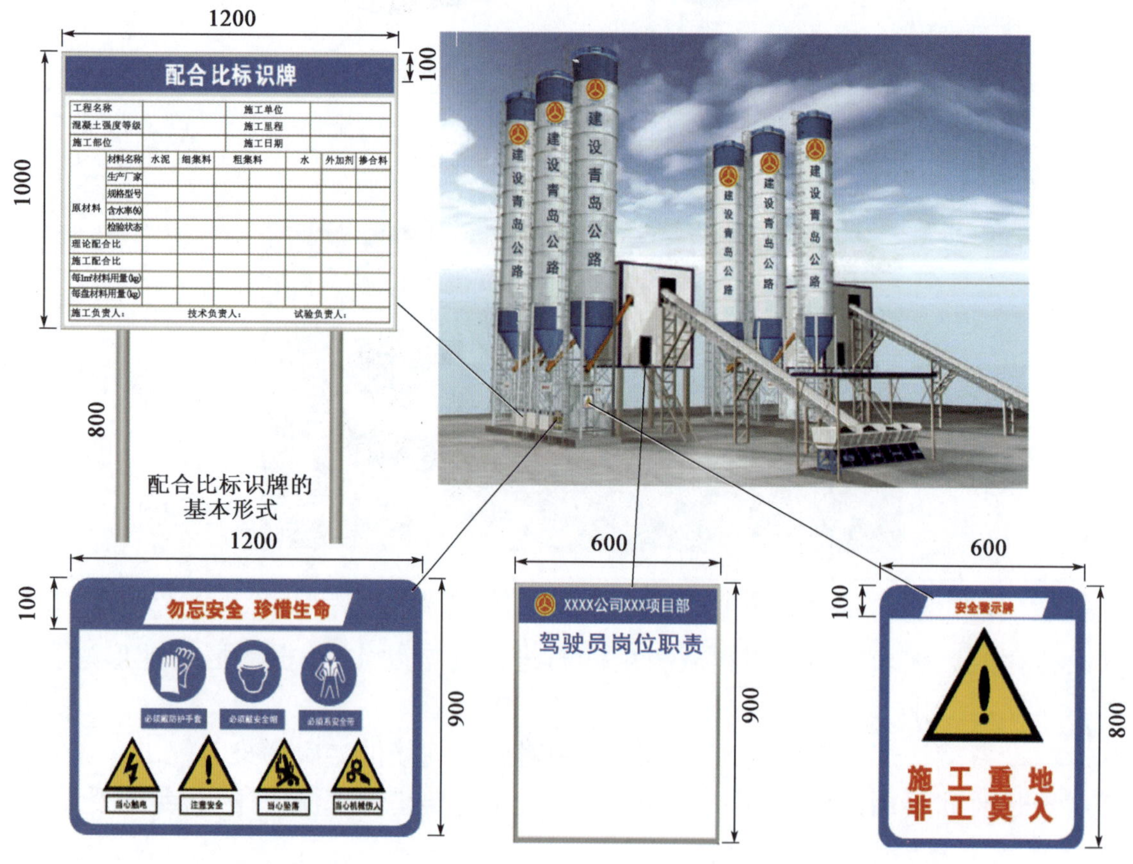


图3-1-10　混合料动态配合比户外标识牌和拌和站（楼）危险源告知牌位置（尺寸单位：mm）

（3）沥青混凝土拌和站控制室以及水泥混凝土拌和楼、水稳粒料拌和站前醒目位置，须设置混合料动态配合比上墙标牌或户外标识牌（见图3-1-11），注明拌合料配合比、技术负责人、试验负责人、监理负责人、拌和站负责人。

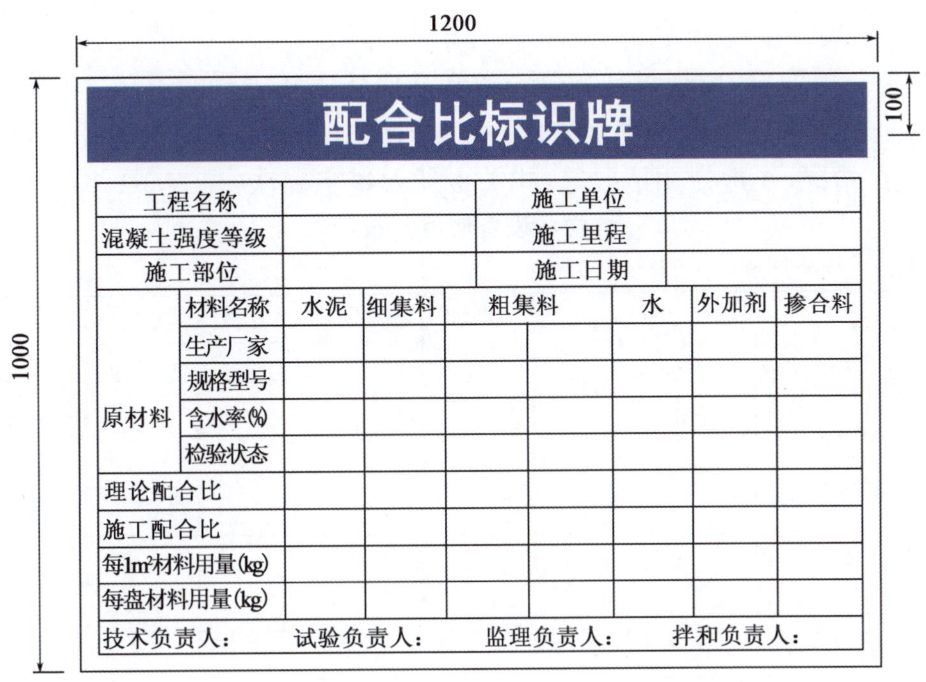


配合比标识牌

| 工程名称 | | 施工单位 | |
|---|---|---|---|
| 混凝土强度等级 | | 施工里程 | |
| 施工部位 | | 施工日期 | |

| 原材料 | 材料名称 | 水泥 | 细集料 | 粗集料 | | 水 | 外加剂 | 掺合料 |
|---|---|---|---|---|---|---|---|---|
| | 生产厂家 | | | | | | | |
| | 规格型号 | | | | | | | |
| | 含水率(%) | | | | | | | |
| | 检验状态 | | | | | | | |
| 理论配合比 | | | | | | | | |
| 施工配合比 | | | | | | | | |
| 每1m²材料用量(kg) | | | | | | | | |
| 每盘材料用量(kg) | | | | | | | | |

技术负责人：　试验负责人：　监理负责人：　拌和负责人：

图 3-1-11　混合料动态配合比上墙标牌、户外标识牌(尺寸单位:mm)

(4)场站现场安全、警示、禁止标识执行《平安工地》分册相关规定。

(5)拌和站可喷涂企业标识及企业名称。

### 3.1.7　污染防治与环保

(1)应提前调研、分析拌和设备的可能污染源,编制专项环保施工方案。

(2)应积极应用新技术、新工艺,推广节能减排有效措施,降低烟尘、有害气体、粉尘对周边大气环境的污染。

(3)应设置必要的污水、油污处理、沉淀设施,严禁施工污水、油污等废弃污染物直接排放,严格控制施工对地下水源的污染。

(4)拌和站(楼)粉尘回收装置回收的粉尘,要集中存放到环保部门指定的场地,严禁就地掩埋,避免对耕地的污染。

(5)应充分将废弃拌合料利用到工程项目上,代替其他筑路材料,降低成本,减少污染。

(6)应确保现场作业人员的劳动保护,处于噪声环境下的施工人员应佩戴耳塞耳罩等,处于粉尘环境下的施工人员应佩戴防尘面罩或防尘呼吸器。

(7)砂石料场底部、上料台、上料输送带下部废料应经常性清理,场区地面应定期洒水,减少粉尘源。

(8)水泥、矿粉等材料进料时,应保证材料罐顶的良好密封性能,并留有出气孔,粉尘较大时应暂停进料。

(9)应编制污染突发事件应急预案,购置应急物资,设置应急队伍,积极应对可能发生的突发事件。应适时开展应急演练，验证应急预案的可操作性和实用性。

### 3.1.8　原始资料

（1）健全原材料取样、留样、检验制度，拌和站应建立相应台账。

（2）在健全施工调度制度的同时，建立拌合料倒查制度，建立健全设备使用台账，注明拌和设备生产情况、工地使用情况等，相关责任人签字确认（见表3-1-1）。

**拌和设备使用台账**　　表3-1-1

拌和站名称：×××拌和站

| 日期 | 起止时间 | 编号 | 申请人 | 施工队名称 | 使用部位 | 混凝土拌和 | | | | 备注 |
| --- | --- | --- | --- | --- | --- | --- | --- | --- | --- | --- |
| | | | | | | 标号 | 过磅量（t） | 设计量（$m^3$） | 实拌量（$m^3$） | |
| | | | | | | | | | | |
| | | | | | | | | | | |
| | | | | | | | | | | |
| | | | | | | | | | | |
| | | | | | | | | | | |
| | | | | | | | | | | |
| | | | | | | | | | | |
| | | | | | | | | | | |
| | | | | | | | | | | |
| | | | | | | | | | | |
| | | | | | | | | | | |
| | | | | | | | | | | |
| | | | | | | | | | | |
| | | | | | | | | | | |
| | | | | | | | | | | |
| | | | | | | | | | | |
| | | | | | | | | | | |
| | | | | | | | | | | |

记录人：　　　　　　　　审核人：　　　　　　　　拌和站负责人：

（3）健全拌合料取样、留样制度，拌和站应建立相应台账，具体要求见第4章工地试验室部分。

（4）健全设备维修、清理、保养台账（见表3-1-2）。

（5）健全安全生产记录，具体要求详见《平安工地》分册。

（6）拌和场站负责人、技术负责人应认真填写每天的施工日志，日记内容应包括设备运转情况、岗前教育情况、拌合料生产运输及检验情况、原材料进场及检验情况、安全生产情况、调度会、碰头会等。

**设备维修保养台账** 表 3-1-2

<table>
<tr><td colspan="2">设备名称</td><td colspan="2"></td><td colspan="2">设备型号</td><td></td></tr>
<tr><td colspan="2">制造厂家</td><td colspan="2"></td><td colspan="2">生产日期</td><td></td></tr>
<tr><td colspan="2">安装日期</td><td colspan="2"></td><td colspan="2">安装位置</td><td></td></tr>
<tr><td colspan="2">设备编码</td><td colspan="2"></td><td colspan="2">投运日期</td><td></td></tr>
<tr><td colspan="2">性能特点及<br>主要参数</td><td colspan="5"></td></tr>
<tr><td colspan="7">设备主要配件清单</td></tr>
<tr><td>序号</td><td>配件名称</td><td>规格型号</td><td>数量</td><td>材质</td><td>使用状态</td><td>备注</td></tr>
<tr><td></td><td></td><td></td><td></td><td></td><td></td><td></td></tr>
<tr><td></td><td></td><td></td><td></td><td></td><td></td><td></td></tr>
<tr><td></td><td></td><td></td><td></td><td></td><td></td><td></td></tr>
<tr><td></td><td></td><td></td><td></td><td></td><td></td><td></td></tr>
<tr><td colspan="7">检修纪要</td></tr>
<tr><td>检修日期</td><td>检修类别</td><td colspan="3">主要检修数据、备件更换及缺陷处理记录</td><td>负责人</td><td>备注</td></tr>
<tr><td></td><td></td><td colspan="3"></td><td></td><td></td></tr>
<tr><td></td><td></td><td colspan="3"></td><td></td><td></td></tr>
<tr><td></td><td></td><td colspan="3"></td><td></td><td></td></tr>
<tr><td colspan="7">设备异常记录</td></tr>
<tr><td>时间</td><td>异常情况</td><td colspan="3">处理情况</td><td>简要原因</td><td>负责人</td></tr>
<tr><td></td><td></td><td colspan="3"></td><td></td><td></td></tr>
<tr><td></td><td></td><td colspan="3"></td><td></td><td></td></tr>
<tr><td></td><td></td><td colspan="3"></td><td></td><td></td></tr>
</table>

## 3.2 钢筋加工场

### 3.2.1 基本要求

(1)一个项目(标段)原则上设置一个钢筋加工场,对项目内所有钢筋进行集中加工、整体(分节)运输至各施工工点。钢筋加工厂宜与构建预制场统筹设置,应综合考虑运输、安全、经济等各方面。确实因地形条件限制或工程需要,可增设加工场,但须经监理审核、报建设办业主批准。

(2)钢筋加工场应配备满足设计要求、施工规范的钢筋加工机具、吊运设备,应逐步推进钢筋加工自动化水平,大型构造物钢筋加工宜使用钢筋自动数控加工设备,其他项目应逐步提升钢筋机械加工水平。

(3)钢筋绑扎区应设置钢筋骨架绑扎台座或工作平台,并按需要设置钢筋定形胎架(见图 3-2-1)。桩基、承台、系梁、墩柱、盖梁、预制梁板、小构件等钢筋骨架,应在工作平台上用定型胎架制作,整体(分节)吊装。

（4）钢筋存放区（露天库房）、加工区、成品、半成品区（库房）布设合理，应分开或隔离，严禁混放，并留有足够的吊运作业空间、通道。

（5）钢筋加工场应采用封闭式管理，并配备专业的技术人员及管理人员。

**3.2.2** 场地建设

（1）面积不小于 2000$m^2$，可根据钢筋加工工作量适当调整。

（2）场地采用厚度不小于 10cm 的 C20 水泥混凝土硬化，设置矩形盖板（30cm × 40cm）排水沟，沟底采用砂浆抹面，并设不小于 1.5% 的排水纵坡，与场区外排水沟等连通，确保场内排水系统完善。

（3）钢筋加工场须设置半封闭式钢筋半成品库、钢筋加工棚，钢筋加工棚四周适度围挡，钢筋加工棚宜与钢筋库相连。钢筋加工棚宜采用轻钢骨架、拱形彩钢瓦屋面，高度不低于 7m，地面宜高于棚外 20cm，并设置防风、避雷保护措施。应分为下料区、制作区、成品区等（见图 3-2-2）。

图 3-2-1　钢筋定形胎架

图 3-2-2　钢筋加工棚

（4）盘圆钢筋可以在加工棚外拉直，但须在钢筋加工棚内下料，加工区盘圆钢筋应设置临时防雨覆盖措施。

（5）绑扎完成后的钢筋骨架不能立即吊运的，应放置于半封闭库房或露天库房，露天库房须符合本细则相关要求。

（6）运至预制场、施工工点的成片骨架宜立即吊装，延时吊装的应放置于不低于 30cm 高的枕木上，枕木间距不得大于 2m，并设置临时防雨覆盖措施。施工工点钢筋骨架临时存放区地面应采取透水材料填筑，填筑高度应高于周围地面 20cm 以上。

（7）钢筋骨架吊运应合理设置吊点，运输设备应设置固定、支撑装置，严禁杜绝吊运过程中造成骨架的变形。

（8）钢筋加工场应设置下脚料存放区，钢筋下脚料应及时清理、定点存放。

（9）个别构造物受地形、运输条件影响，经监理审核、建设办审批可以在现场设置简易钢筋加工棚现场加工。但简易加工棚面积应满足加工需求，棚外存放区支垫、防雨覆盖措施应符合本细则要求，棚内、存放区地面应参照本细则进行硬化。

（10）钢筋加工场应设置照明设施，照明用电线路应与加工设备用电线路分开，并满足安全用电要求。

(11)钢筋加工场应按照本细则有关尺寸、规格设置废弃生产垃圾存放点,生产垃圾应及时清理、定点存放、定期清运。

### 3.2.3　规范管理

(1)设备管理

①钢筋加工设备应满足工程质量和进度要求,并根据流水加工工艺合理布局。

②金属加工设备、切割及焊接设备、钢筋(骨架)吊运设备安全生产管理执行相关指南。

③应加强作业人员岗前培训,特种作业人员须持证上岗。

(2)标识标志

①加工场内醒目位置设置工艺流程控制牌、各类机械操作规程牌(见图3-1-9)。

②外场分区标识参照相关规定,加工棚内分区应设置分区标识,规格、内容参照图3-2-3。

图3-2-3　库房内分区标识(尺寸单位:mm)

③严格按规定对进场材料进行标识,标识内容包括材料名称、产地、规格型号、生产日期、出厂批号、进场日期、检验状态、进场数量、使用部位等。

④钢筋下料区、加工区须悬挂钢筋大样图,标明尺寸、位置,确保下料、加工准确(见图3-2-4)。

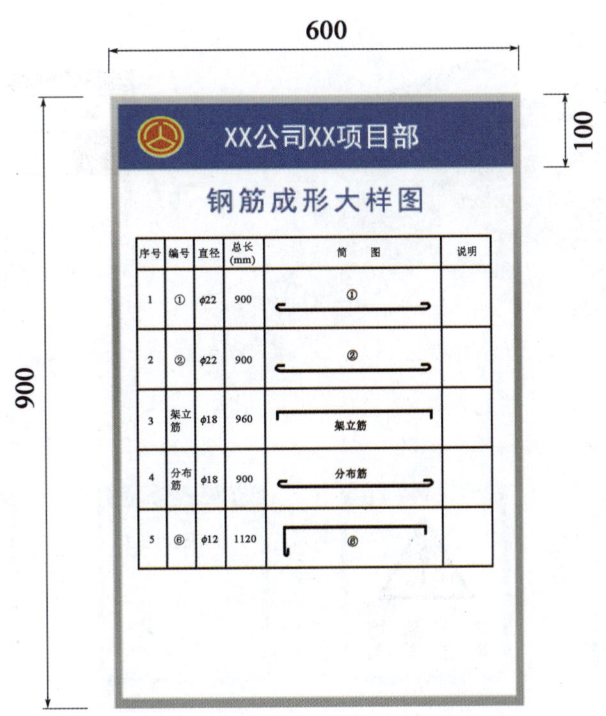


图3-2-4　钢筋大样图标示牌(尺寸单位:mm)

⑤半成品钢筋存放区，悬挂半成品标识牌（见图 3-2-5）。

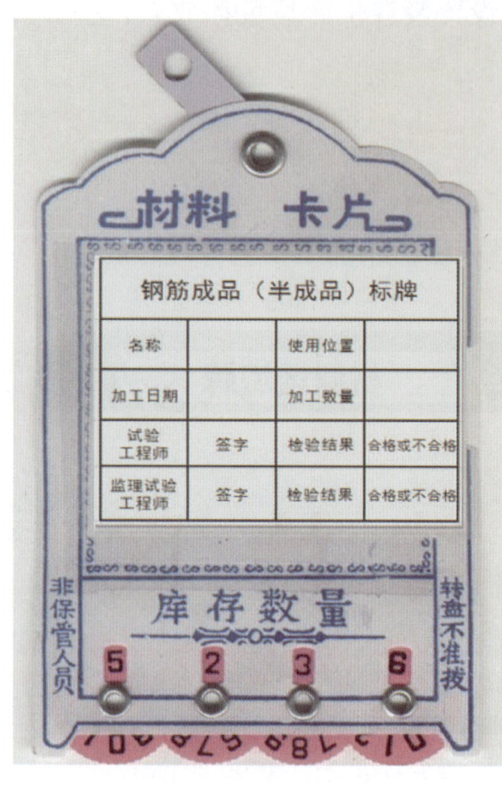


图 3-2-5　钢筋成品（半成品、不合格品）标牌

⑥成品钢筋骨架应悬挂钢筋骨架成品标识牌（见图 3-2-5）。

⑦不合格钢筋骨架成品、半成品要悬挂不合格标识牌（见图 3-2-5）。

⑧按规定设置警示、警告等安全生产管理标志标识（见图 3-2-6）。具体标志、标识的设置规定详见《平安工地》分册。

（3）钢筋加工应强化过程控制以及半成品、成品检验，规范加工流程控制，并建立检验、使用台账。

①应强化钢筋下料后的半成品检验，检验合格后的箍筋、弯起筋等应放置于半成品库房、分批编号，并建立台账。

②钢筋绑扎时，须取用下料检验合格的钢筋，并在台账上登记。

③钢筋骨架完成后，应及时进行检验验收、编号，并悬挂钢筋骨架成品标识牌，同时建立台账。

④钢筋骨架使用前，应认真核对钢筋骨架成品标识牌，并在台账上登记。

⑤钢筋加工、检验、使用台账由工程技术部统一管理。

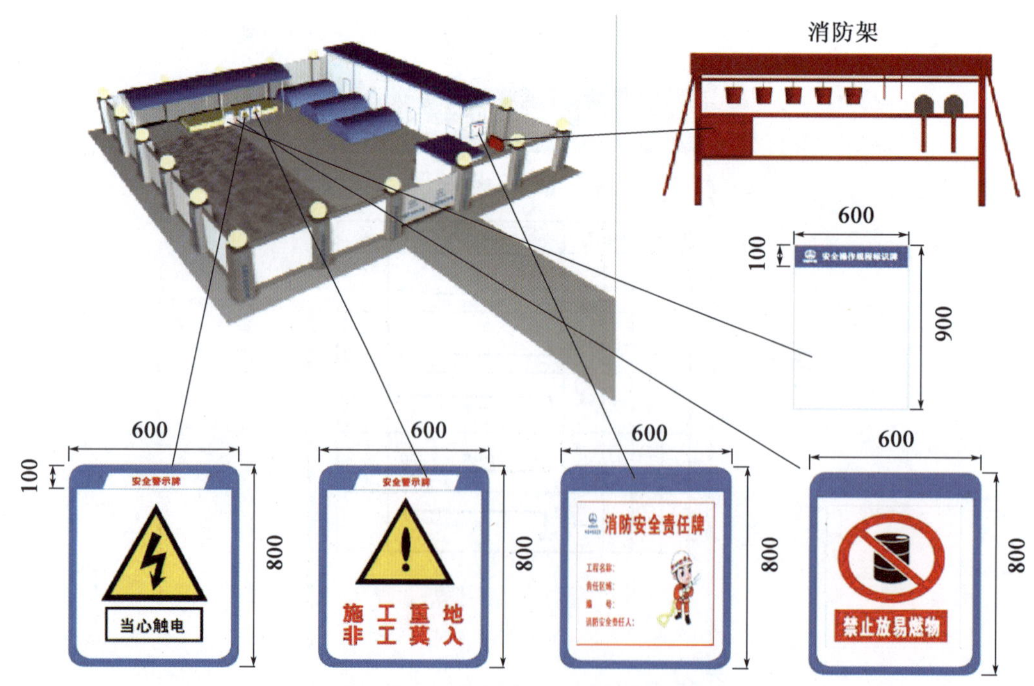


图 3-2-6　标识规定图（尺寸单位：mm）

## 3.3 预制场

### 3.3.1 基本要求

(1)原则上一个工程项目设置一处预制场,预制场设置应与水泥混凝土拌和站、钢筋加工场统筹设置,最大限度满足方便、合理、安全、经济原则。

(2)路缘石、排水沟盖板、各种防护工程用预制块、中央分隔带混凝土护栏及其他小型混凝土预制构件须设置统一预制场集中预制。

(3)梁板预制场面积一般不小于10000$m^2$,小型构件预制场一般不小于3000$m^2$。

(4)梁板、构件预制场可以单独设置,也可以在一起设置,设置一起时应对梁板预制场、小型构件预制场分区设置。

(5)预制场建设规模应满足工程需要,同时应与桥涵下部构造、项目主体进度相匹配。须根据预制件(梁板、构件)总量、预制工期、每个台座周转次数等确定台座(底模)最少数量,模板数量要与台座数量匹配。

(6)场地内应合理划分办公区、生活区、制梁区(构件加工区)、存梁区(构件存放区)、废料区等,生活区应与其他区域分离。

(7)预制场应采用自动喷淋养生设施或蒸汽保湿养生设施。

(8)场区道路应做硬化处理,主要运输道路宽度不小于6m,应采用不小于20cm厚的C20水泥混凝土硬化,必要时设砂砾垫层。

(9)养生区、存梁区、构件存放区应做简单硬化处理,铺设不小于15cm厚的级配碎石垫层,垫层下铺设厚度不小于15cm的水泥稳定粒料基层。

(10)场区应设置综合排水系统,场区道路两侧以及底座两端设置矩形盖板(30cm×40cm)排水沟,场内底座之间可设梯形、浅碟形、矩形盖板等形式的排水沟。并设置一定的纵坡,保证场区内不积水。

(11)养生区四周、养生棚内应设置独立的宽10cm、深20cm的砖砌排水沟,并与场区综合排水沟相连,避免养生水随地流淌。

(12)预制场用水应满足施工用水的水质和水量要求,必要时可以建蓄水池,其蓄水量应满足施工用水要求。

(13)场区应设置综合养生给水、送气地下管线,并分区设置压力泵,减少地上软管使用数量。

(14)因地形限制等特殊情况需利用路基占地作为预制场地的,须经监理工程师审核后报建设办审批。利用挖方路基做预制场地时,挖方预留厚度视材质确定,至少预留80cm厚,并提前完成路堑边坡的防护及排水设施施工。使用填筑路堤做梁板预制场时,梁场地面80cm以下设置一层防水土工布,梁场使用完毕后将防水土工布以上填料全部清除,重新填筑。

(15)梁板预制场场内梁板起重设备宜采用龙门吊,小型构件预制场场内吊运设备宜采用叉车。

（16）预制场建设实行监理、建设办审批制，施工单位应将场地建设方案报监理工程师审核，方案应包括台座数量、模板数量、生产能力、存梁区（构件存放区）布置以及最大存梁（构件）能力。监理单位审核、建设办审批后方可实施。

### 3.3.2　办公、生活用房

（1）办公用房总面积不低于 50m$^2$（不含试验室），按场站综合部、场站技术部、场站试验室分区办公，办公生活用房应满足本细则相关要求。

（2）场区须设相应的场站试验室，分办公室、土工室（水泥、砂石料、级配等）、标准养护室等，面积须符合工地试验室建设要求，用于现场取样、现场制作试件等，并按规定做好记录。

（3）生活区应按标准设置卫生间、洗澡间等基本生活设施，工作人员住宿条件应满足基本要求。

### 3.3.3　养生设施

（1）梁板预制场须设置土工布包裹自动喷淋养生设施，每片梁板应设置不少于 3 条喷管（顶部、两侧各一条），喷管长度应长于梁板长度 1m，喷头间距 0.5m。喷淋水压加压泵应保证提供足够的水压，确保梁板的每一个部位均能养护到位，尤其是翼板底面和横隔梁部位。养生用水宜循环利用（见图 3-3-1）。

图 3-3-1　预制场喷淋养生设施

（2）气温较低时，梁板施工宜采用蒸汽保湿养生设施。

①根据预制场台座数量、生产能力合理配置蒸汽锅炉，铺设供气主管线至每个台座两端，预留三通。

②应保证蒸汽提温的均匀性，每座预制台座至少设三道蒸汽管道（PVC 管或橡胶软管），两侧各布设一道、顶部设一道。汽孔间距应小于 1m。

③保暖棚应设置钢筋支架，支架间距以 1m 为宜。支架覆盖篷布，四周固定并用沙袋压紧防止透风，篷布宜按台座尺寸定制。如有搭接，搭接宽度不低于 1m，并用土工布覆盖搭接处（见图 3-3-2）。

④施工单位应编制蒸汽养生专项方案，经监理工程师审核后报建设办审批。

（3）小型构件宜采用自动喷淋养生棚进行养生，有条件的建议采用蒸汽养生棚。

图 3-3-2　蒸汽养生设施

①养生棚可采用密闭式砖砌房屋或保温彩钢瓦大棚，房屋高度以不小于 7m 为宜，以便于构件运输。棚顶设置间距不大于 1.5m 的喷淋管道，喷嘴间距以 1m 为宜，保障每件构件均能养护到位。喷淋水压加压泵应保证提供足够的水压，养生水应循环利用（见图 3-3-3）。

图 3-3-3　自动喷淋养护大棚

②不能进入养生棚的中型构件应采取土工布覆盖，两侧及上部须设置自动喷淋装置，喷头应参照梁板预制场要求，定期补水保持构件湿润。

③路缘石等小尺寸小型构件宜在脱模后分层叠放、钢带绑扎，整批运入养生大棚养生，易破损预制件层间应用土工布隔离。

### 3.3.4　预制台座

(1)预制梁台座

①预制梁台座应设置于地质良好的地基上，并对台座地基压实处置，在基础处理达到沉降控制指标要求后方可浇筑台座，防止出现台座不均匀沉降、开裂等，影响预制梁板质量。台座横向做成水平，纵向按设计预设反拱，并设置沉降观测控制点。

②应采用 C30 以上水泥混凝土浇筑底座，并铺设钢筋网片，宜采用带有凹槽（企口）的定型钢模包边（与侧模板凸起部分对接，见图 3-3-4），每隔 3m 加横向联结。

③先张预应力张拉台座应进行张拉应力计算，满足设计张拉要求。张拉台座应采用钢筋混凝土框架式台座，严禁采用重力式张拉台座。

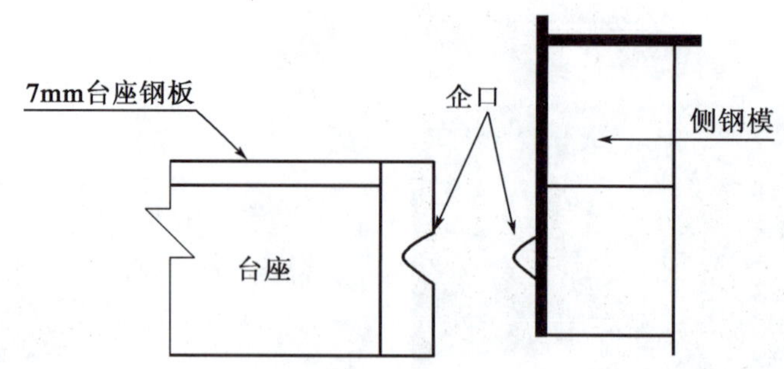


图 3-3-4　台座企口示意图

④台座台面(底模)应用厚度不低于 6mm 的通长钢板铺面,台座两端应至少各长于设计梁板长度 10cm,并满足实际需要。

⑤吊装孔处采用插槽式活动抽拉钢板或采用楔形钢模板,并用机械顶或千斤顶支设。

⑥底模钢板应采取防止变形措施。

⑦台座纵、横向间距应充分考虑施工作业空间,纵向间距以 5 ~7m 为宜。

⑧预应力钢筋混凝土预制场地应设置张拉防护台座,确保张拉操作时的人员安全(见图 3-3-5)。

⑨应优先选用附着式振捣器进行振捣,大尺寸梁板、T 形梁、小箱梁必须采用附着式振捣器。

⑩T 形梁、箱梁预制场要配备上梁顶扶梯(见图 3-1-5)。

⑪台座使用过程中,监理、施工单位应每月对台座进行复测检查,并建立观测数据档案,分析沉降情况和预应力张拉台座使用效果,发现异常及时处理。

⑫不得采用砖砌底座,不得采用混凝土、大理石、地板革等做底板。

(2)小型构件预制平台

①预制平台面积应与预制数量、生产能力相匹配,并留有足够的工作通道空间。

②小型构件预制平台宜采用厚度不小于 15cm 的 C20 水泥混凝土硬化,也可以采用厚度不小于 15cm 的级配碎石(上层)、加铺厚度不小于 15cm 的水泥稳定粒料基层硬化。

③应优先选用振动平台振捣,振捣平台电机功率一般为 1.2 ~1.5kW,应通过现场试验、分析、比选确定,数量根据预制件生产数量确定(见图 3-3-6)。采用其他振捣模式的,应现场试验确定振捣工具及功率。

图 3-3-5　张拉防护台座

图 3-3-6　振捣平台

### 3.3.5 模板

(1)模板制作

①预制梁板模板实行准入制度,成型模板须经监理工程师验收、建设办复验合格后方可使用。

②预制梁板侧模、芯模应全部采用钢模板,严禁使用胶囊芯模,如需使用木质芯模须经监理审核后报建设办审批,并采用防水胶合板制作。

③构件模板应使用钢模,使用高强度塑料模板须检测其强度、刚度以及周转次数,并须监理工程师、建设办审批,严禁使用强度低、刚度差、易变性的塑料模具。

④芯模模板间接口夹缝内粘贴厚度不小于2mm的回力胶条。不得用胶带、油毡等处理接口。

⑤侧模模板应采用标准化的整体钢模,钢板厚度不小于6mm,侧模长度比梁体设计长度长1‰,各种螺栓采用标准化的螺栓。模板使用前进行试拼,并打磨干净,模板间接口夹缝内及侧模与底模企口内粘贴厚度不小于2mm的回力胶条,确保模板接缝密合平顺、不漏浆、无错台。

⑥梁端堵头及翼缘板齿板模板均采用定型钢模板。钢筋孔切割预留,梁端钢筋孔用帽檐式橡胶垫封堵,齿板钢筋孔用橡胶垫封堵,防止漏浆。不得使用海绵、麻线和布条等封堵。

(2)使用保养

①模板在使用过程中应加强维修与保养,每次拆模后指派专人进行除污与防锈工作。

②模板在吊装与运输过程中应采取有效措施防止模板的变形与受损。混凝土振捣时,振动棒不要碰撞模板。

③模板有轻微凹坑时须采用原子灰进行找平、打磨处理,损坏严重时要及时更换。

④应选用优质脱模剂,保证梁板、预制件外观良好,严禁使用废机油做脱模隔离剂。

⑤应设置模板专用存放区,存放区应参照构件存放区硬化标准进行硬化,放置时应采用非刚性材料进行支垫平整放置,支点间距不宜过大以防止变形。

⑥模板周转间隙或集中存放时,应有覆盖措施,防止雨淋、生锈、被污染。有条件的搭设模板存放大棚。

### 3.3.6 预制件存放

(1)预制梁板存放应符合以下要求:

①存梁区存放量应与生产能力相配套,一般不小于梁板预制高峰期每天预制梁板总数的15倍。存梁区应预留不小于6m宽的运输通道,并按场地道路要求进行硬化。

②存梁区应采用不小于C20水泥混凝土浇筑枕梁,枕梁设置位置应符合设计要求且不影响吊装,一般设在离梁板两端各50~80cm处。

③梁板存放时,应在混凝土枕梁加设支垫材料,支垫材料应采用承载力足够的非刚性材料(如枕木),且不得污染梁底。

④预制梁板完成,施工单位自检合格后,由监理单位复测、建设办抽检,对合格梁板在显著位置涂刷编号、悬挂固定相关规定要求的合格牌后,移入存梁场地。

⑤梁板叠放层数应符合设计文件、相关技术规范要求，设计文件无要求时，空心板叠层不超过3层，小箱梁和跨度25m以下（含25m）T形梁叠层不得超过2层，跨度25m以上T形梁须单层存放。

⑥预制梁板存放全过程应设支撑等防倾覆措施。

（2）小型构件存放应符合以下要求：

①存放区存放量应与生产能力相配套，存放区应合理预留运输通道。

②预制构件完成，经施工单位分批次自检合格后，由监理单位复测、建设办抽检，对合格构件在显著位置涂刷批次编号、悬挂固定相关规定要求的合格牌后，移入存放场地。

③预制构件应按不同规格分区堆码，堆码高度应确保安全。运输过程中轻吊轻放，防止缺边掉角。

#### 3.3.7　规范管理

（1）人员管理

①应强化管理人员、特别是技术人员组成，建立健全质量、安全保障体系。

②应加强作业人员岗前培训，必要时应进行混凝土浇筑过程演练，以确保构件浇筑质量。特种作业人员须持证上岗。

（2）设备管理

①龙门吊、叉车、吊车等特种设备须进行专业安检。龙门吊须由相应资质的单位承担安装、拆卸，使用前须进行满载试吊。龙门吊轨道须进行试运行。

②蒸汽锅炉、加压泵等设备须定期专业安检，使用前应进行试运行，以检验设备及管线的安全、正常使用。

③应设小型机具存放区，宜建设小型机具设备库房，严禁设备随地放置。

### 3.4　工地库房

#### 3.4.1　基本要求

（1）应根据工程项目实际需要设置工地库房，用于存放工程原材料、设备等，库房面积根据需要自行确定。

（2）库房选择合理的地点设置，方便使用，与易燃、易爆等危险源保持安全距离。

（3）工地库房分密闭式库房、半密闭式库房、露天库房三种：密闭式库房应采用砖木房屋或彩钢房，须具有良好的通风、防爆照明设备和防静电措施，符合防爆、防雷、防潮、防火、防鼠、防盗等要求；半密闭式库房宜采用轻钢防雨棚、四周（或部分）围挡，具备防雨、防雷、防火、防潮等基本要求；露天库房应下垫上盖（见图3-4-1）。

（4）库房应根据入库成品、材料等合理划分存放区，并编制库位编号，必要时分区应采取隔离措施。

（5）库房地面应高出场地地面30cm以上，做混凝土、砌砖（应设垫层）或水泥稳定材料简单防潮地面。库房四周按本细则规定尺寸砌筑矩形边沟，并与场地综合排水系统

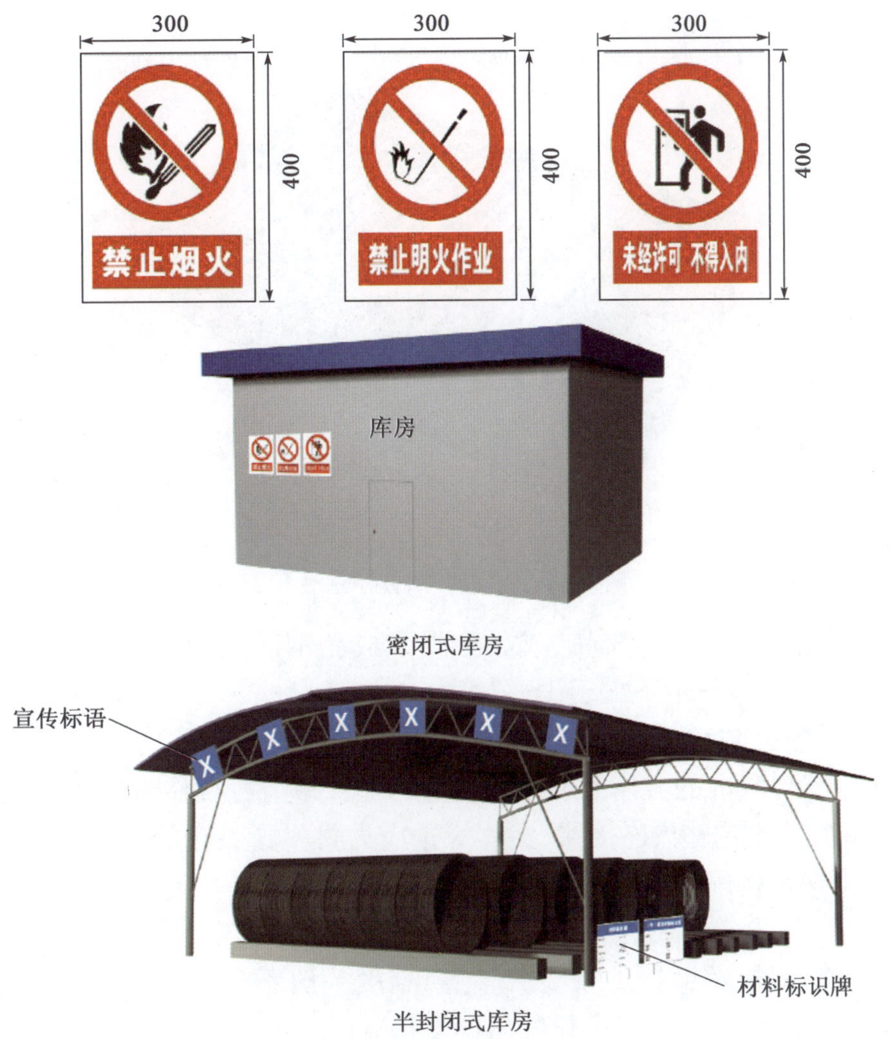


图 3-4-1 工地库房示意图(尺寸单位:mm)

相连。

(6)机电设备、桥梁支座、锚具、连接器、夹片、紧固件、油漆、涂料、伸缩缝橡胶条、防水卷材、土工材料等成品须放置在密闭式库房。

(7)钢材、钢绞线、钢筋半成品、袋装水泥、水泥混凝土添加剂、沥青拌合料添加剂等应存放于半密闭式库房。

(8)化学、有毒、易燃等危险品库房应单独设置,同时须设置明显标识和围挡设施,氧气瓶、乙炔瓶须以不低于 5m 的间距隔离存放,库房通风良好。

(9)施工现场的爆炸物品运输、使用须符合《民用爆炸物品安全管理条例》(国务院令第 466 号)规定,严禁工地临时存放。

(10)螺纹钢筋、钢板、型钢等可以存放于半封闭库房,也可以存放于露天库房。露天库房应设置高度不低于 50cm 的混凝土(或砖砌等)墩台支垫,支垫墩台牢固,两支点距离不大于 2m。盘圆钢筋应水平放置,枕木、混凝土垫块高度不得低于 30cm。露天库房应配置足够数量、尺寸的防雨篷布,防雨篷布应保证钢材四周完全包裹,配备防风缆绳、四周固定于地面(见图 3-4-2)。钢材严禁与潮湿地面接触,不得与酸、盐、油类混合堆放。

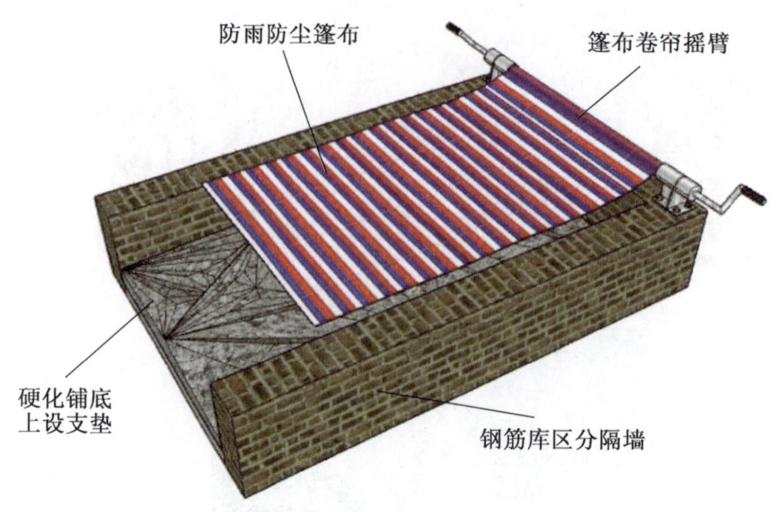


图 3-4-2　钢筋露天库房示意图

（11）下料、绑扎后的钢筋半成品、成品分类或成品钢筋网须支垫存放、码放整齐，支垫高度不小于 30cm，支垫间距不大于 1m。

（12）钢绞线盘除有防锈措施外，还需有方便转动的法兰及防崩设施，已运至施工现场的钢绞线应用高度 15cm 的方木、间隔 1m 通长支垫，并用苫布临时覆盖，存放时间不得超过 3d。严禁钢绞线、锚垫板、连接器、夹片等预应力材料露天存放。

（13）金属、木材及构配件等堆放放置支垫不得低于 30cm。酸碱物品应单独堆放，并与金属、木材、配件、机电等易腐蚀材料保持 5m 以上安全距离。

（14）螺纹钢筋、钢板及钢杆件须叠放整齐，高度一般不超过 1m，易滑落的材料堆放时应捆绑牢固，钢模板存放时应有可靠的防倾倒措施。

（15）橡胶制品、钢制配件等须采取防污、防腐等措施，有特殊要求的成品、半成品材料的存放须满足生产厂家要求。

（16）锚垫板、连接器、夹片、紧固件等小型成品材料，应设置存放货架（见图 3-4-3）。

（17）各类外加剂应按不同的品种、批号、生产日期分开存放，存放高度不应超过 1.5m。液态外加剂分罐存放，并与易受潮物品保持距离。

图 3-4-3　工地库房货架示意图

（18）库房区须配备齐全的消防设施和消防物资，并注明提示标志。

（19）经建设办批准，小型施工工点可以设置临时性成品材料（袋装水泥等）存放点，存放点地面须高于周边 50cm 以上，四周设临时排水沟。同时必须做到下垫上盖、四周包裹、防雨防潮，防潮垫层不得低于 20cm，采取枕木或青红砖加透水垫层的形式。

### 3.4.2 规范管理

(1)工地库房由项目部物资设备部管理,须建立包括岗位职责、出入库、安全管理、管理台账等库房管理制度,设置库房专职管理人员。

(2)各类材料入库前须按规定进行检验,合格后方可正式入库。对于短时间内无法进行质量鉴定的,应标明为待检材料,单独存放;检验不合格材料须即时清理出库,并建立相应不合格材料清库台账。

(3)材料入库前,物资设备部技术人员、试验室检测人员、保管人员须共同检验材料出厂证明(质保书、合格证书、批号牌等),同时对材料取样检验,并按规定留样存放于试验室留样室。

(4)须建立材料入库台账和出厂证明档案,试验检验合格后,对试验检测结果、出厂证明、库位编号等进行登记,入库台账、出厂证明应保存于库房或物资设备部。

(5)须建立材料使用调拨制度,由工程技术部发出调拨单,物资设备部签认。调拨单应注明材料使用部位,以便质量倒查。

(6)须建立材料出库台账和材料使用档案,材料出库前登记出库台账,注明相关信息并形成材料使用档案。出库台账、使用档案应保存于库房或物资设备部。

(7)库房要保持清洁整齐,要坚持每天巡查库存材料,确保库存材料质量。对受潮、变质后质量可能受影响的材料要及时报物资设备部,并第一时间通知试验室取样检查,复检不合格材料须及时清理出库,并填写台账。

(8)工程技术部应会同试验室建立库存材料检查机制,对库存时间过长的材料随机取样检验,复检不合格材料须及时清理出库,并填写台账。

(9)材料具体管理规定及相应表格、台账等详见《工艺指南》分册。

(10)安全管理具体规定详见《平安工地》分册。

(11)预制构件、钢筋加工等现场生产的成品、半成品出入库管理执行本细则中关于预制场、钢筋加工厂的相关规定。

### 3.4.3 临时油库

(1)工地一般不允许设置临时汽柴油等燃料油库、油罐,需设置的应取得国家相关单位、部门的许可,实行封闭式管理,并按有关规定建立健全安全制度、安全预案,配置安全物资、安全设置等,坚持定期检查维修。

(2)沥青拌和机用重油灌、液化气罐等,周围应设置隔离网,悬挂安全警示标识,隔离网内严禁放置危险品、易燃物品。并配备消防砂池、消防工具和器材,坚持定期检查维修,同时建立健全安全制度、安全预案(见图3-4-4)。

### 3.4.4 标志标识

(1)库房区域(含露天库房)标识按照相关规定的规格设置,库房内标识执行本细则。

(2)在库房醒目位置设置平面布置图、重大危险源告知牌等,并按规定设置警示、警告等安全生产管理标志标识。

(3)需设置库房内分区标识,标注待检区、合格区、清退区(图3-4-5)。

(4)进场材料需及时建立材料标牌(可做成不干胶,见图3-4-6)。

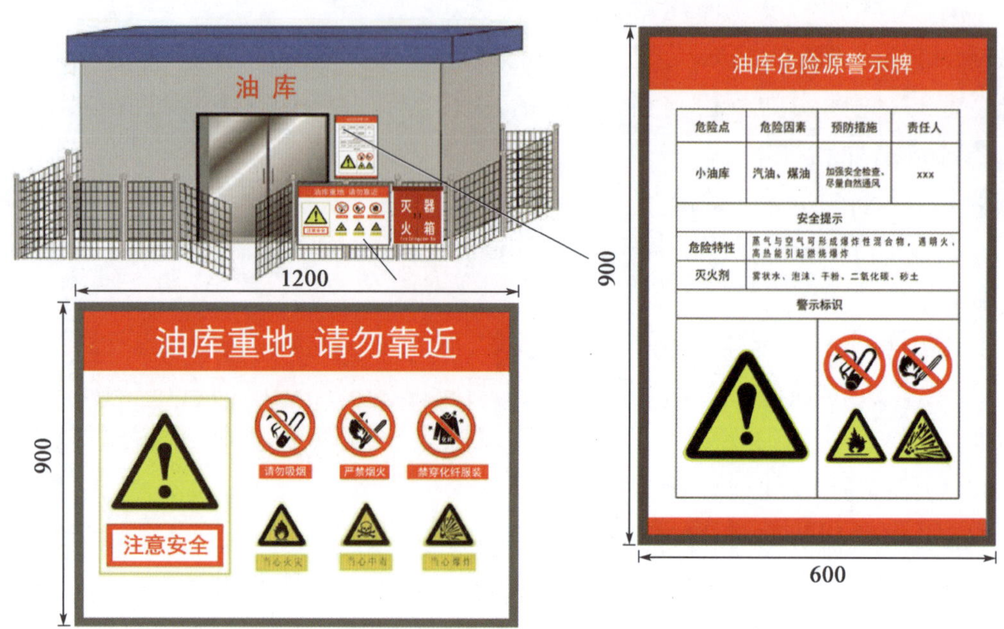


图3-4-4　油库隔离标准化示意图(尺寸单位:mm)

(5)各类检验合格后的入库材料,材料卡片须经项目部及驻地监理处双方责任人签认。

图3-4-5　库房内分区标识(尺寸单位:mm)

| 原材料标牌 | | | | | |
|---|---|---|---|---|---|
| 材料名称 | | 规格 | | 产地 | |
| 批号 | | 数量 | | 进场日期 | |
| 试验工程师 | | 检测结果 | | 报告单号 | |
| 监理试验工程师 | | 平行检测结果 | | 报告单号 | |

图3-4-6　待检材料标牌(尺寸单位:mm)

# 4 工地试验室

## 4.1 一般规定

(1)参与工程建设的施工、监理等单位应根据工程质量安全管理需要或合同约定设立工地试验室,设立工地试验室可采取授权制、委托制、派驻制。一般工程应采用授权制或委托制,总投资3000万元以下的小型工程,且母体试验室常驻地址距离工地现场20km以内的项目可以采用派驻制。

(2)授权制是指由母体试验室授权中标施工、监理单位组建工地试验室,由工地试验室在母体试验室授权范围内独立开展试验检测工作,其授权负责人和试验检测人员应为中标施工、监理单位或母体试验室的正式聘用人员。

(3)委托制是指中标施工、监理单位、母体试验室授权第三方试验检测机构组建工地试验室,由工地试验室在母体授权范围内独立开展试验检测工作,其授权负责人和试验检测人员应为第三方试验检测机构正式聘用人员,并由中标施工、监理单位现场机构负责具体管理。实施委托制时,母体试验室应与被委托的第三方试验检测机构签订委托合同书,同时应按照授权制要求对工地试验室进行授权。接受委托的第三方试验检测机构应具有公路水运工程乙级以上(含乙级)或者相应专项能力等级,且已通过CMA认证。

(4)派驻制是指由母体试验室派出试验人员在现场进行常规检测或现场取样、制件、养护后在母体试验室对试件进行试验检测。授权负责人和派出试验人员应为母体试验室正式聘用人员,并接受中标施工、监理单位现场机构管理。

(5)采取授权制或委托制设立的工地试验室,应按照本指南要求设立各功能室。采取派驻制进行试验检测时,工地试验室至少应设立试验室办公室、制件室、标准养护室、常规项目检测室等,其他功能室可使用母体试验室既有功能室。既有功能室按照工地试验室要求进行管理,现场具体功能室设置应以便于试验检测为基础,且应在投标文件中注明。

(6)施工、监理单位投标时应响应招标文件要求,在其投标文件中明确工地试验室设置方式。中标单位进场后15日内,应会同母体试验室共同按投标承诺填报工地试验室设置申请单(见附件4-1-1),经建设单位现场管理机构审核同意后方可实施建设。申请单位应注明拟设工地试验室名称、设置方式、具体建设规模、地理位置等主要指标。

(7)采用授权制或委托制设立工地试验室的母体试验室,应当在其等级证书核定的业务范围内,根据工程现场管理需要或合同约定对工地试验室进行授权。

(8)授权书内容包括工地试验室可开展的试验检测项目及参数、授权负责人、授权工地试验室的公章、授权期限等(见附件 4-1-2)。

(9)工地试验室实行登记备案制和授权负责人责任制(见附件 4-1-3、附件 4-1-4),工地试验室授权负责人对工地试验室运行管理工作和试验检测活动全面负责。

(10)母体试验室应加强对授权(委托)工地试验室的监督、管理和指导,对工地试验室开展的试验检测活动负责。母体试验室应监督工地试验室试验检测仪器设备和试验检测人员的配备,并负责建立工地试验室质量保证体系。工地试验室开展的试验检测活动不规范或严重违规,母体试验室负有连带责任。

(11)母体试验室应对其授权(委托)的工地试验室每年进行不少于 2 次的检查,检查情况应通报建设单位(检查内容见附件 4-1-5)。

(12)工地试验室应在母体试验室授权的范围内,为承担的工程建设项目提供试验检测服务,不得对外承揽试验检测业务。工地试验室开展的试验检测项目不得超出母体试验室授权的项目及参数范围。

(13)对授权范围以外(授权制、委托制)或超出母体试验室等级证书核定业务范围(派驻制)的检测项目和参数,中标施工、监理单位应提前 30 日填报委托试验检测申请单(见附件 4-1-6),经建设单位管理机构审批同意后,可以与第三方试验检测机构签订委托合同书进行委托试验检测。

(14)接受委托的第三方试验检测机构应具有公路水运工程乙级以上(含乙级)或者相应专项能力等级,且已通过 CMA 认证。

(15)同一个标段的施工、监理以及项目建设单位管理机构不能将同一批号样品试验检测任务委托给同一家试验检测机构,也不得委托同一家试验检测机构同时为双方提供工地试验室服务。

(16)工地试验室的检测和校准设施以及环境条件应满足相关法律法规、技术规范或标准的要求。

(17)授权制、委托制工地试验室名称为"母体试验室名称＋建设项目标段名称＋工地试验室",母体试验室、建设项目标段名称可以用规范性简称。

(18)授权制、委托制工地试验室出具的试验检测报告上应加盖工地试验室印章,印章包含的基本信息应与工地试验室名称一致(见图 4-1-1)。派驻制工地试验室试验检测报告上应加盖母体试验室印章,委托试验检测报告上应加盖接受委托的试验室印章。

| 母体试验室名称<br>建设项目标段名称<br>工地试验室 |
|---|

图 4-1-1　工地试验室印章格式

注:印章长 60mm × 宽 25mm;印章里文字共三行,格式为五号宋体,第一行为母体试验室名称,第二行为建设项目标段名称,第三行为工地试验室。

## 4.2　组织机构

(1)工地试验室应完善组织机构,应设置办公室(兼资料室)、现场检测仪器室(常规试验检测室),并根据工程内容和设置方式在现场设土工室、集料室、水泥室、力学室、混凝土室、标准养护室、化学分析室、沥青室、沥青混合料室、样品室等(见图4-2-1),工地试验室和母体试验室应设置废料区。

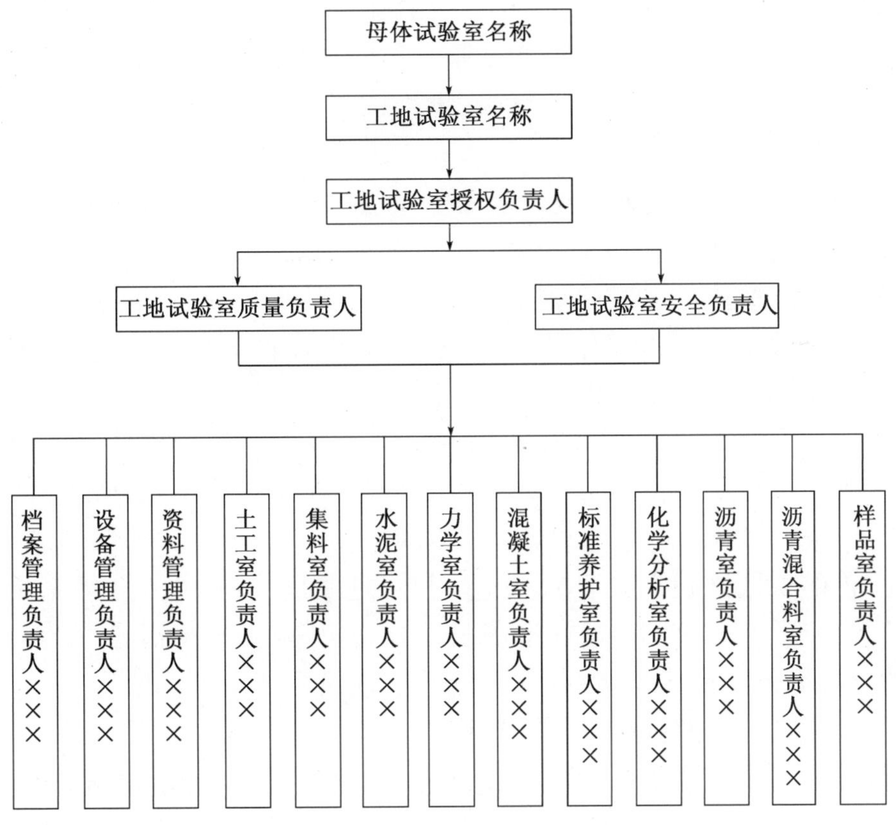

图4-2-1 工地试验室组织机构图

(2)工地试验室应按照上级规定和本指南要求,在母体试验室指导下健全质量管理体系,并按一岗双责原则建立健全安全保障体系,明确相应的岗位责任人、质量目标和安全目标。

(3)施工单位工地试验室的主要职责应包括但不仅限于以下内容:

①根据投标文件或合同规定购置配备与项目工程相匹配的试验检测仪器,建立试验室设备台账,定期进维护、保养,保证设备的完好。

②按规定周期对试验检测设备进行标定,保证检测结果的有效性。

③对工程所用材料、构件、工程制品、标准试验及工程实体等按规定频率进行试验检测,出具试验检测报告,指导工地现场施工,保障工程施工工序的正常衔接。

④负责工程试验资料的编制、整理、归纳、汇总和存档,参与项目工程交竣工资料的编制,参加工程竣工验收,参与工程质量问题及质量事故调查分析。

⑤配合协助有关部门做好试验检测工作。

⑥保障试验室安全运行。

⑦合同约定的其他工作。

(4)监理单位工地试验室主要职责应包括但不仅限于以下内容:

①根据投标文件或合同规定购置配备与项目工程相匹配的试验检测仪器,建立试验

室设备台账，定期进行维护、保养，保证设备的完好。

②按规定周期对试验检测设备进行标定，保证检测结果的有效性。

③完成本工程项目规定的监理试验工作，对施工单位工地试验室进行日常监管。

④旁站施工单位工地试验室进行的试验过程以及外委材料的送检见证。

⑤对施工单位选定的配合比进行复验、批准，对标准试验进行平行试验，对进场的材料进行抽检。

⑥对施工单位提交的试验报告进行复验和批准，批准使用经过检验符合要求的材料。

⑦保障试验室安全运行。

（5）工地试验室授权负责人主要职责包括但不仅限于以下内容：

①全面负责试验室的技术工作，负责试验检测工作计划的编制，重大检测工艺的决策，协调检测工作中的技术问题，接受上级下达的各项任务。

②审定和管理工地试验室资源配置，确保工地试验室人员、设备、环境等满足试验检测工作需要。签发工地试验室出具的试验检测报告，对试验检测数据及报告的真实性、准确性负责。

③建立完善的工地试验室质量保证体系和管理制度，包括人员、设备、环境以及试验检测流程、样品管理、有效文件（指标准、规范、试验规程和作业指导书等）管理、操作规程、不合格品处理等各项制度，监督各项制度的有效执行。

④严格按照国家和行业标准、规范、规程以及合同的约定独立开展试验检测工作。有权拒绝影响试验检测活动公正性、独立性的外部干扰和影响，保证试验检测数据客观、公正、准确。

⑤实行不合格品报告制度，对于签发的涉及结构安全的产品或试验检测项目不合格报告，工地试验室授权负责人应在 2 个工作日之内报送试验检测委托方，抄送项目质监机构，并建立不合格试验项目台账。

⑥定期主持试验室检测工作会议，对试验检测工作进行分析、总结。

⑦制定人员培训计划，定期进行比对试验，不断提高试验检测能力和水平。

⑧参与质量事故的调查和验证工作，参与质量事故分析会，处理检测工作中发生的质量事故，审核和批准质量改进措施。

⑨试验室安全生产第一责任人，负责建立健全安全生产保障体系，并确保体系的正常运转。

（6）工地试验室质量负责人主要职责包括但不仅限于以下内容：

①协助试验室授权负责人工作，全面负责试验室检测工作质量，制定质量活动计划，组织编写和修订质量体系文件，维护全部质量体系文件的有效性。

②负责试验室质量手册的编制、修订和执行情况的监督检查，开展质量手册的宣传贯彻，保证质量体系正常有效地运行。

③安排和落实各项试验检测工作，组织实施对检测工作的监督，负责试验原始记录和试验数据的复核。

④负责制定仪器设备的周期检定和维修计划，并负责实施。

⑤参与质量事故分析会,处理检测工作中发生的质量事故。

(7)工地试验室安全负责人主要职责包括但不仅限于以下内容:

①负责试验室的日常安全工作,组织编写和修订安全体系文件,维护全部安全体系文件的有效性和安全体系的正常有效运转。

②对安全制度的执行情况进行监督,协助授权负责人进行安全教育。

③在试验室范围内,对任何人都有安全否决权。凡发现违规操作,以及在不安全状态下工作的情况,有权责令其立即停止。

④经常检查试验室安全设施是否完全符合有关规定,发现隐患要及时采取措施。

⑤发现安全事故时,组织指导在场人员进行抢救,及时报警和报告领导。险情排除后,保护好现场,参与安全调查处理。

(8)工地试验室应制定各功能室负责人、检测试验员、辅助人员岗位职责。

## 4.3　人员配备

(1)工地试验室的授权负责人和试验检测人员资格应满足以下基本条件:

①授权负责人需从事试验检测工作 3 年以上,且须持有交通运输部核发的试验检测工程师资格证书。

②工地试验室试验检测人员需持有交通运输部核发的试验检测工程师资格证书或省交通运输厅核发的试验检测人员资格证书。

③检测工程师持证专业应涵盖工程范围,各功能室主要操作技术人员应持有相应专业检测资格证书。

④操作熟练规范,注重操作细节,熟悉本检测机构的质量管理体系文件。

(2)工地试验室安全负责人应经过安全培训并取得安全上岗资格证。

(3)施工、监理单位工地试验室试验检测人员数量应满足工程试验检测需要、按施工合同投资额进行配备,配备人数一般不得低于以下标准(不含辅助试验检测人员)。

①施工单位合同标价 5000 万元以下的至少 4 人,5000 万元以上 1 亿元以下的至少 6 人,1 亿元以上 2 亿元以下的至少 8 人,2 亿元以上至少 10 人。

②监理单位的试验检测人员数量,可按上述要求减半配备。

③招标文件有要约的执行招标文件规定。

(4)施工、监理单位工地试验室应根据实际需要配置适当数量的辅助人员(试验工)。

## 4.4　试验室建设

### 4.4.1　选址要求

(1)工地试验室选址时要考虑安全、环保及施工要求等因素,施工单位的工地试验室可以选建在项目部驻地或场站内(沥青混凝土、水泥混凝土、水稳材料拌和站或预制场)、监理单位的工地试验室应选建在驻地内，工地试验室应单独设区，与驻地或场站办公区、生产区、生活区及车辆机具停放区保持适度距离。

（2）工地试验室应满足工程项目信息化管理的要求，配备信息化硬件设备，满足试验操作的即时监控和试验信息的收集、整理、传送要求。

### 4.4.2　场区建设

（1）工地试验室场区建设应与驻地或场站建设相协调，做到布局合理、整齐划一，根据需要加装空调等取暖、降温设施。

（2）工地试验室用房应坚固、实用、美观、隔热通风，可以自建或租用沿线合适的单位或民用房屋，房屋净空不低于2.6m。自建房最低标准为拼装式活动板房，租赁房屋应按需要进行重新分割。屋内地面应用水泥硬化，并进行基本简单装修，除标准养护室等有特殊要求的功能室外、室内应采光良好。

（3）采用拼装式活动房的，宜采用保温彩钢瓦板房单层搭建，每排房屋间距不小于8m，须采取防风措施，屋顶排水通畅。一层室内地面高于场区20cm以上。

（4）房屋应设宽度不少于1m的地面散水，排水坡度≥3%。散水外设置沿房屋方向排水沟，与场区内主排水沟相连。

（5）一层房门外须设置铁质或铝合金防泥除尘地垫，污水必须妥善处理、符合排放标准后方能排出，严禁将带有腐蚀性、有毒化学试剂的污水直接排放。

（6）试验室用房前不小于3m宽度范围内应采用不低于10cm厚C15混凝土进行硬化处理，主要进出场道路宽度不低于6m，应采用不低于18cm稳定基层加铺4cm厚沥青，或路基垫层加15cm厚的C25混凝土路面。

（7）应设置足够数量的分类（可回收、不可回收）垃圾箱，生产垃圾应定点堆放、及时处理，严禁乱扔乱弃，保持环境整洁。有毒、腐蚀性垃圾处理应符合相关规定，严禁乱扔乱弃造成二次危害。

（8）在相应的功能室内应砌筑牢固平整的试验操作台、分类池，根据需要设置活动式货架、危化品专柜等，做到仪器设备布局合理、方便试验操作，试验样品、试剂摆放整洁有序（见表4-4-1）。

（9）应根据本项目规模和特点，设置办公室和各功能室，数量和面积一般符合表4-4-1要求。

**试验室面积及办公配置一览表**　　表4-4-1

| 序　号 | 名　　称 | 面 积（$m^2$） | 配 备 要 求 |
|---|---|---|---|
| 1 | 办公室（兼资料室） | 至少2间，不少于30 | 办公桌、计算机、打印机和足够的文件柜 |
| 2 | 土工室 | 不小于20 | 设工作台一个 |
| 3 | 集料室 | 不小于20 | 设工作台一个 |
| 4 | 水泥室 | 不小于20 | 设工作台一个，配具有加温降温和除湿功能的空调一台、加湿器一个、干湿温度计一支 |

续上表

| 序　号 | 名　　称 | 面 积 ($m^2$) | 配 备 要 求 |
|---|---|---|---|
| 5 | 力学室 | 不小于 20 | 设钢质货架两个,一个用于摆放万能试验机配件,另一个用于存放破断的钢筋试样;配电动砂轮一个,用于打磨钢筋端口的毛刺;张贴具有各种规格、各种牌号的钢筋试样长度、力学参数、加荷速率的内容表一张;各种规格抗压试件的加荷速率表一张 |
| 6 | 混凝土室 | 不小于 20 | 应考虑洗刷用水的排出通道 |
| 7 | 标准养护室 | 不小于 30 | 设钢质货架若干,配具有加温降温功能的空调一台;配喷淋式养护室全自动控制器一台、干湿温度计一支 |
| 8 | 化学室 | 不小于 10 | 设工作台一个,功率大于 70W 排气扇一个,存放化学危险药品的柜子一个 |
| 9 | 沥青室 | 不小于 15 | 设工作台一个,功率大于 70W 排气扇一个 |
| 10 | 沥青混合料室 | 不小于 20 | 设工作台一个,功率大于 70W 排气扇一个 |
| 11 | 样品室 | 不小于 10 | 分区,设货架两个 |
| 12 | 现场检测仪器(常规试验检测)室 | 不小于 15 | 设货架两个 |
| 13 | 废料区 | 不小于 30 | 土、砂、大小碎石分别设池,混凝土试块设平整的场地 |

注:1. 根据工程实际需要设置全部或部分检测室。
2. 工作室应按规定样式设置门牌。

### 4.4.3　标志标识

(1)工地试验室办公室大门右侧应悬挂工地试验室铭牌,铭牌宜采用铜制牌匾,规格为高 40cm × 宽 60cm,牌匾底线离地面高度为 160cm(见图 4-4-1)。

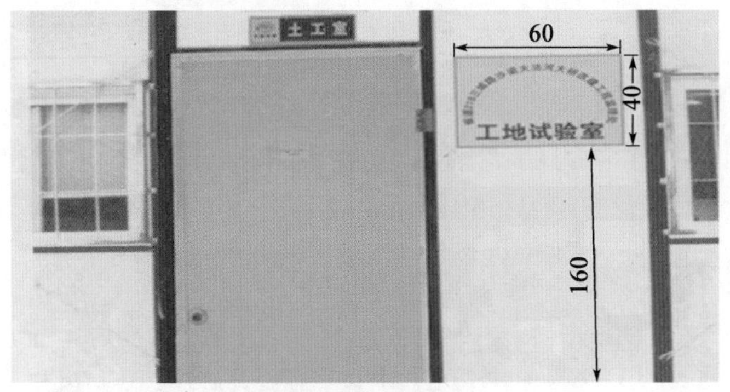


图 4-4-1　工地试验室名牌(尺寸单位:cm)

(2)办公室和各功能室应设置醒目门牌,各部室门口应挂名称牌(不锈钢或铝制材质,具体样式见图 4-4-2,颜色为 C100M55/Pantone293c)。对有环境和安全条件要求的区域,应设置警示及限入标识。

(3)办公室应设置组织机构、质量保证体系(含质量目标)、安全保障体系(含安全目标)、人员公示、岗位职责等标牌,规格为 60cm × 90cm(宽 × 高),1cm 灰边,单位名称字高

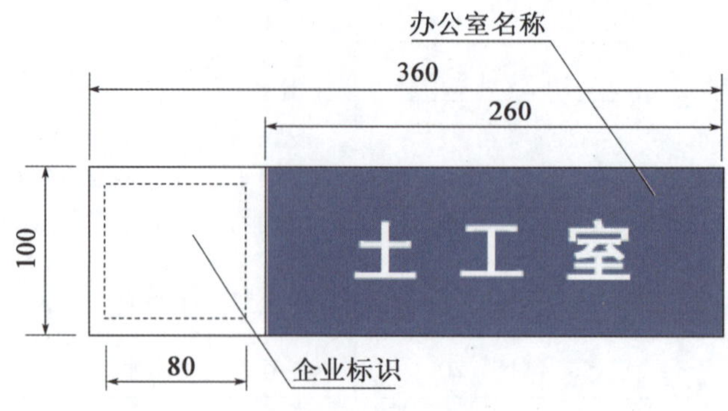


图 4-4-2　功能室名称牌(尺寸单位:mm)

7cm,标牌名称字高 6cm,采用 PVC 板或 KT 板写真加盖玻璃板制作,挂(贴)离地(底线)150cm 墙体上(见图 4-4-3)。

图 4-4-3　办公室标牌式样(尺寸单位:mm)

(4)各功能室应设置对应的功能室管理规定和操作规程标牌,规格为 40cm × 60cm(宽 × 高),蓝底白字,颜色为 C100M55/Pantone293c,见图 4-4-4。

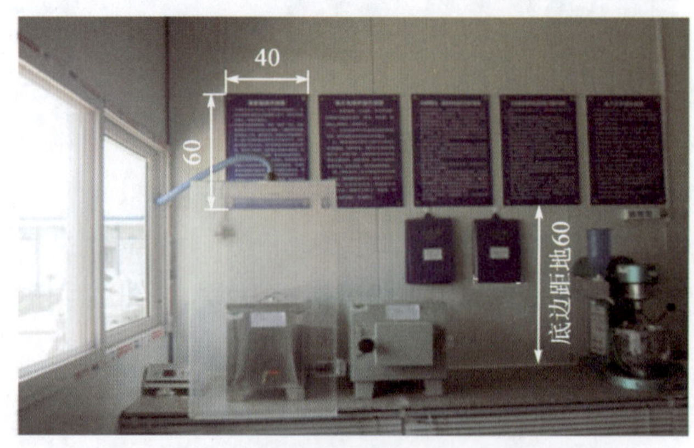


图 4-4-4　操作规程示意图(尺寸单位:cm)

### 4.4.4 设备配置

1)机械设备配置

仪器设备需与投标书承诺投入设备一致。仪器设备须摆放整齐,不同功能室仪器设备不能混放,仪器设备配置满足各功能室试验需要,原则上试验检测仪器放置分类如下:

(1)土工室:标准筛(0.074~60mm),摇筛机,电子天平(6000g、0.1g,15000g、1g),烘箱(0~300℃,±1℃),光电液塑限联合测定仪(22mm、0.1mm),自动击实仪,脱模器,分析天平(200g、0.0001g),比重瓶、路面材料强度试验仪 LD127-III(100kN,0.5kN)、万能试验机(2000kN)。

(2)集料室:标准筛(0.074~60mm)、摇筛机、烘箱(300℃)、压碎值测定仪、压力机(2000kN、1%)、针片状规准仪、游标卡尺(300mm、0.02mm)、李氏比重瓶、砂当量试验装置 SD-Ⅱ。

(3)水泥室:水泥净浆搅拌机、标准法维卡仪、雷氏夹(±25mm、0.5mm)、沸煮箱(100℃)、胶砂搅拌机、振实台、比表面积仪、标准恒温恒湿养护箱、电动抗弯试验机(5000N、1%)、凝结时间测定仪、电子天平(2000g、0.01g)。

(4)力学室:万能材料试验机(2000kN、1%)、弯曲装置、游标卡尺、恒应力压力机(300kN、1%)、游标卡尺。

(5)混凝土室:水泥混凝土搅拌机、标准振动台、材料试验机、抗弯拉试验夹具(40×40)、坍落度筒、混凝土贯入阻力仪(1200kN、1kN)、水泥砂浆搅拌机(15L)、水泥砂浆稠度仪(0~14.5cm、1mm)、水泥砂浆分层度仪(0~14.5cm、1mm)、含气量测定仪(1%~10%,±0.1%)。

(6)标准养护室:冷暖空调、全自动温湿设备、养护架、喷淋设备、温湿度表。

(7)化学室:各种试剂、灰剂量试验、分析天平(200g、0.0001g)。

(8)沥青室:针入度仪(50mm、0.1mm)、恒温水槽、烘箱、低温延度仪(100mm、1mm)、软化点仪、电炉、分析天平。

(9)沥青混合料室:沥青混合料拌和机(10L)、马歇尔自动击实仪、烘箱(300℃)、马歇尔稳定度仪(30kN、1%)、恒温水槽、脱模器、沥青抽提仪(或燃烧炉)、电子天平、标准筛。

(10)现场检测仪器室:回弹仪、取芯机、环刀、灌砂筒 $\phi$100、天平、贝克曼梁(5.4m 半刚性基层、混凝土路面、3.6m 柔性基层、混合式结构沥青路面)、3m 直尺、钢尺、回弹仪、水准仪。

(11)常规试验检测室:专指派驻制工地试验室用于放置现场检测仪器的房间,除放置现场检测仪器室所列仪器外,可以根据需要放置其他日常检测仪器。

2)室内配置

(1)办公桌、资料柜等布置、摆放合理,办公桌上不能摆放与工作无关的物品(见图 4-4-5)。

(2)安全帽应统一悬挂在靠近办公室门口的一字形排列挂钩上,挂钩离地 180cm,禁止将安全帽搁置在资料柜上、桌面上或其他物体上(见图 4-4-6)。

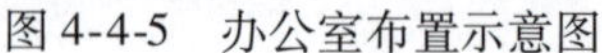
图 4-4-5　办公室布置示意图

图 4-4-6　安全帽放置示意图(尺寸单位:cm)

(3)各功能室内应布局合理,仪器设备摆放科学。仪器设备应严格按照优化试验检测工作流程、合理布局、同步作业而不互相干扰的原则进行布置(见图 4-4-7)。

(4)若设备需要安设基座时,应在试验室建设时根据布局设置基座。基座顶面应保持水平,待设备就位调平后采用地脚螺栓进行固定。对基座有隔振要求的应设立不与其他建筑物直接相连的独立混凝土台座,周围存在振源时应在地面与台座间设 5mm 厚橡胶垫(见图 4-4-8)。

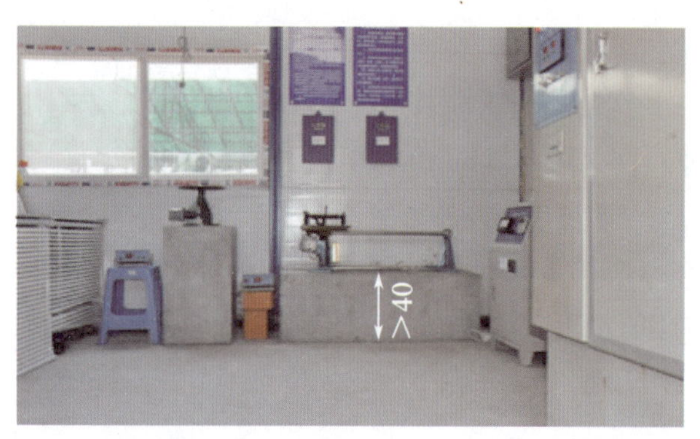

图 4-4-7　试验室布局(尺寸单位:cm)

图 4-4-8　试验设备安装

(5)工作台应靠墙设立,水泥砂浆砌砖墙垛,台面宜采用大理石面。工作台的高度应控制在 70 ~ 85cm 之间,台面宽度在 60 ~ 80cm 之间,墙垛宽 60cm(留 10cm 檐口),台下隔柜的宽度不小于 60cm,柜门采用拉卷式塑料百叶窗遮挡(见图 4-4-9)。

(6)操作平台水池上沿与操作台等高(见图 4-4-10)。

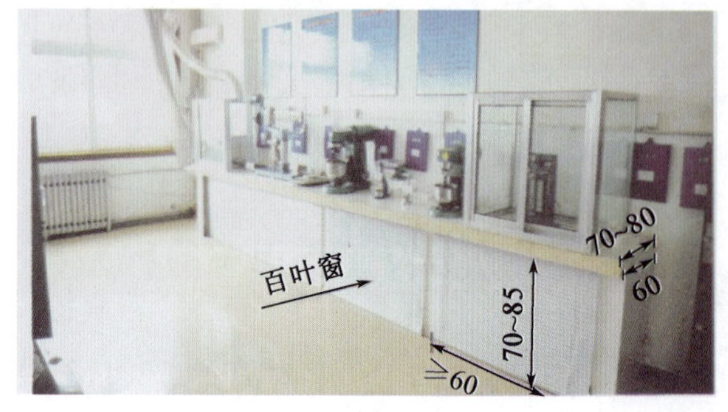

图 4-4-9　工作台设置示意图(尺寸单位:cm)

图 4-4-10　水池布置示意图

(7)各功能室里的电源插头安放位置应高出地面 100cm 以上，防止冲洗地面时进水而导致漏电（见图 4-4-11）。

(8)1‰以上精密分析天平不能与击实仪、土工表面震实仪、震动台、磨耗机、拉力机、压力机以及能够产生地面震感的仪器设备放在同一间操作室内。对 1% 及以下精度的天平放入击实仪房间时，称量要避开震动仪器的工作时间。1‰以上精密分析天平应有防尘罩（柜），并放入干燥剂防潮（见图 4-4-12）。

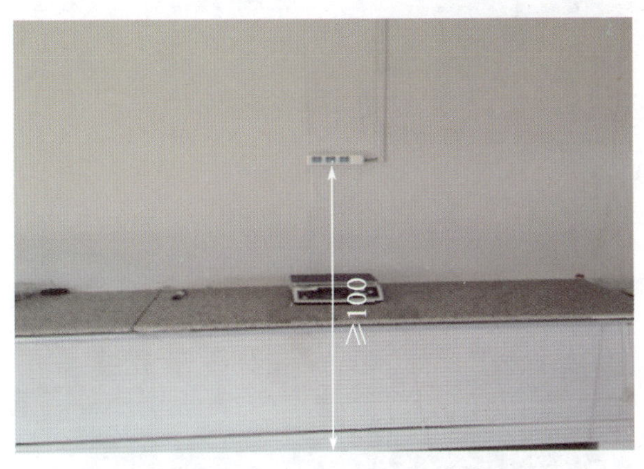

图 4-4-11　电源插头示意图（尺寸单位：cm）

图 4-4-12　精密仪器示意图

(9)水泥比表面积仪，不能放入水泥室，如必须放入水泥室应设专柜隔离防潮，保持湿度≤50%（见图 4-4-13）。

(10)水泥室的沸煮箱用外箱罩住，外箱上接直径大于 8cm 的 PVC 管道通向室外（见图 4-4-14）。

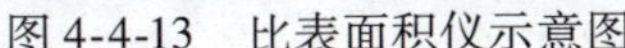

图 4-4-13　比表面积仪示意图

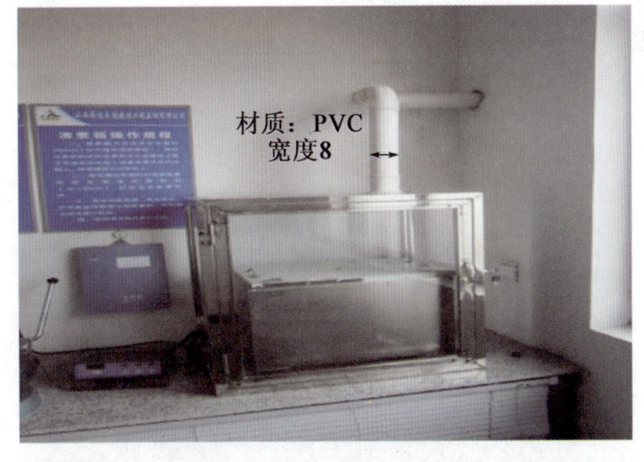


图 4-4-14　沸煮箱示意图（尺寸单位：cm）

(11)水泥混凝土室应设有洗刷用水的排出通道及沉淀池，应配备 3mm 厚、不小于 100cm×100cm 的钢板用于放置混凝土（见图 4-4-15）。

(12)力学室中万能材料试验机要做安全防护罩，要保证罩住受力部分，钢筋力学性能（拉伸）试验加荷速率一览表（见附件 4-4-1）、混凝土试件强度试验加荷速率一览表（见附件 4-4-2）将硬面夹挂在控制台左后墙面，离地高度为 140cm（见图 4-4-16）。

图 4-4-15　水泥搅拌机

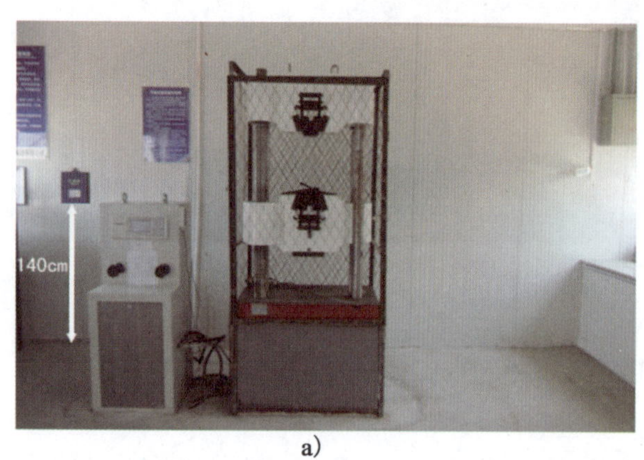


a)

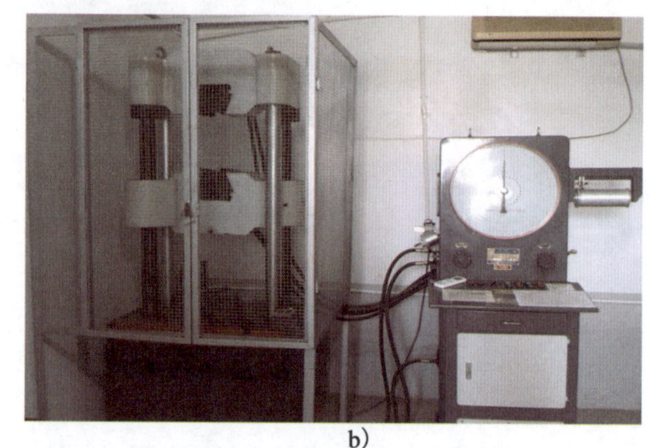

b)

图 4-4-16　万能材料试验机安全防护罩

力学室应设钢质货架两个,一个用于摆放万能试验机配件(见图 4-4-17),另一个用于存放破断的钢筋试样(见图 4-4-18);配电动砂轮一个(见图 4-4-19),用于打磨钢筋端口的毛刺。

图 4-4-17　万能试验机配件货架

图 4-4-18　钢筋试样货架

(13)化学分析、沥青及沥青混合料室内,配置溶液、制样及拌和区间应密封,配置溶液应标明有效期,建立试剂配制和标定记录,用大于 70W 的排气扇及时将刺激性废气排出(见图 4-4-20)。

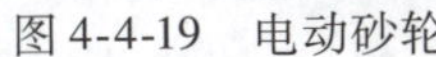

图 4-4-19 电动砂轮

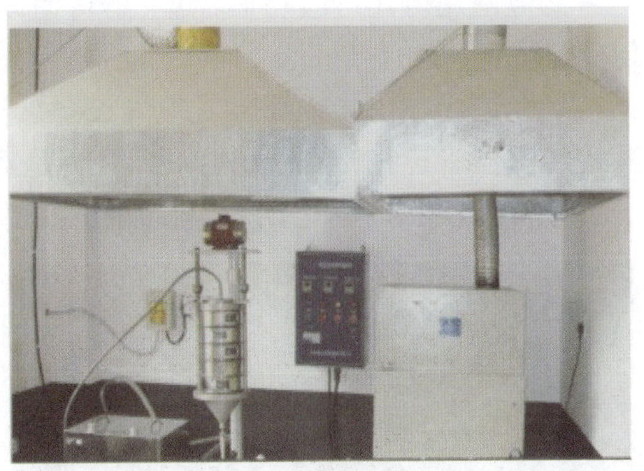

图 4-4-20 沥青含量试验封闭示意图

(14)样品室或留样室应干燥、通风,设钢质货架两个,分区设置并标明状态(见图 4-4-21)。

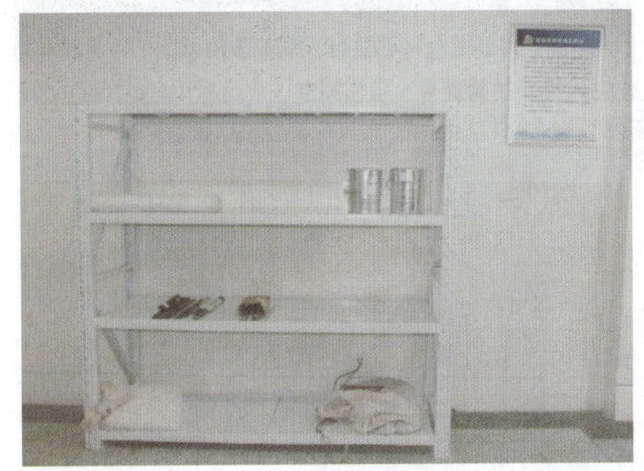

图 4-4-21 样品室布置示意图

(15)集料采用隔仓存放,隔墙高为 60cm,宽和深分别在 60 ~ 80cm 之间,仓后墙 120cm 高处贴材料标识牌(见图 4-4-22)。

(16)标准养护室设内外两个分间,设备配置应满足以下要求:

①标准养护室需配备养护室温湿度全自动控制仪,需与养护室隔间放置(见图 4-4-23)。

图 4-4-22 集料存放示意图(尺寸单位:cm)

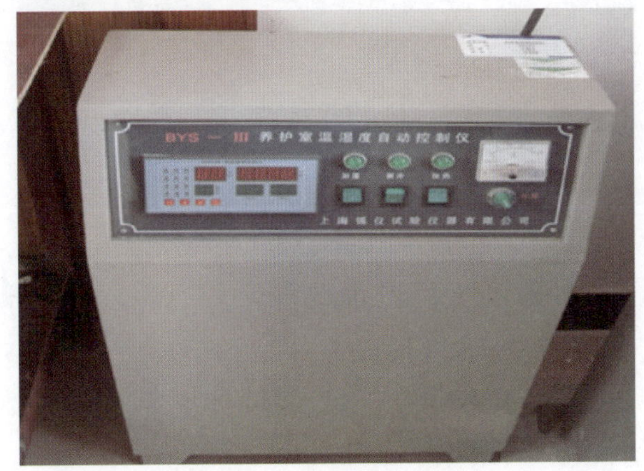


图 4-4-23 全自动温湿设备

②应使用专用冷暖空调控温，不得使用加热管或浴霸等加热设备，以保证室内温度均匀（见图4-4-24）。

③应使用喷淋式或喷雾式喷淋设备加湿，保持试件表面潮湿，不得用水直接冲淋。喷淋式加湿器管道排布在上方墙上，喷头是双喷头，间距50cm左右设一个喷头，布置在架子上方，设置积水池和潜水式电动泵（见图4-4-25）。

图4-4-24　养护室冷暖空调

图4-4-25　养护室喷淋设备

④至少应放3排试验养护架，每排2台，试件间距至少保持10～20mm。每台试验养护架可放4排试件，试验养护架要有一定的刚度（建议采用4mm×4mm角钢），分层搁架应镂空处理，保证养护效果，用大写英文字母编号（编号固定牢固，不能松动），一般高度不超过150cm（见图4-4-26）。

⑤标准养护室内需设置两个温湿度计，在室内对角放置，悬挂在养护架顶端上方10cm处（见图4-4-27）。

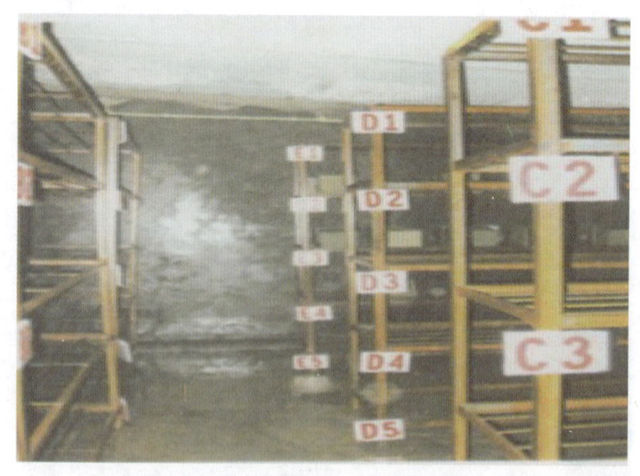


图4-4-26　试验养护架示意图

图4-4-27　温湿度计示意图（尺寸单位：cm）

⑥地面上要设置环形水槽，便于室内水排向室外，水槽断面尺寸为宽8cm×深5cm（见图4-4-28）。

⑦标准养护室门口的墙体上悬挂试块入、出库记录台账，温湿度记录表（见图4-4-29，附件4-4-3、附件4-4-4）。

⑧试件应摆放规范、不得码砌堆放，试件标识清晰且与台账相符。

图 4-4-28 环形水槽示意图(尺寸单位:cm)

图 4-4-29 入、出库记录台账,温湿度记录表

(17)现场检测仪器室,设置两台钢制货架,现场检测仪器放置整齐有序。

(18)废料区应分别对土、砂、碎石隔仓存放;混凝土试块在平整场地摆放,废料区根据实际情况合理的砌筑,垛高 1m,长 2m,垛与垛之间距离为 1.5m。场地应硬化,不得有积水现象。清理时间视工程进度而定,在建设单位管理机构或总监代表处的监督见证下清理并留好影像资料(见图 4-4-30)。

图 4-4-30 废料区示意图

3)交通工具配置

应根据需要在工地试验室配备必要的交通工具;合同价超过 5000 万元的施工单位工地试验室应配备专用车辆,与其他部门合用时应优先保障试验检测用车需要,确保试验检测的及时、有效。

## 4.5 内部管理

工地试验室应建立健全各类规章制度,建立完整的试验检测人员档案、仪器设备管理档案和试验检测业务档案,强化安全管理、加强业务技能培训,严格按照试验检测规程操作,并做到试验检测台账、仪器设备使用记录、试验检测原始记录、试验检测报告相互对应。

#### 4.5.1　制度管理

(1)工地试验室应按上级和本指南规定,在母体试验室指导下、结合工程项目具体特点,编制“工地试验室作业指导书”,该作业指导书主要目录包括:

①规章制度:日常管理制度、岗位职责、各功能室管理制度、试验仪器设备管理制度、试验检测管理制度、试验资料管理制度、安全管理制度。

②检测规程和评定标准。

③仪器设备操作规程(分功能室编写)。

④设备自校规程等。

(2)日常管理制度,包括质量保障体系及质量管理制度、环境卫生管理制度、试验检测人员考勤制度、人员培训制度、试验室例会制度等。

(3)岗位职责类。

(4)各功能室管理规定类,包括工地试验室管理制度、各功能室管理制度等。

(5)试验仪器设备管理类,包括仪器设备进场、使用、报废停用、维修保养、检定/校准、标识等制度。

(6)试验检测管理类,包括见证取样(送样)管理制度,样品留样保管管理制度,标准物质管理制度,试件的标准养护制度,现场检测管理制度,委托试验管理制度(含取样、送样),检测工作异常情况及处理制度,可疑报告处理制度,检测事故分析报告制度,样品留样管理制度(应包括制备、保护、储存、处理全程),不合格样品管理制度等。

(7)试验资料类,包括原始记录及修约处理制度,试验检测数据检验制度,试验报告单填写(审核、签发)规定,试验检测台账制度,试验检测报告归档管理制度。

(8)安全管理类,包括安全保障体系及安全管理制度,安全目标责任制度,试验检测仪器安全操作规程,化学药品管理制度,防火、防盗管理制度,水电安全管理制度,安全事故报告制度,安全应急预案等。

(9)检测规程和评定标准,包括所有试验检测仪器操作规程、检测工作程序,试验技术性文件、管理制度、标准、规范等。

#### 4.5.2　人员管理

(1)工地试验室授权负责人应对试验室工作人员进行明确分工,做到工作连续有序、事事有人负责,工序流程顺畅,组织缜密、各环节没有漏洞。

从工作流程方面,有现场抽样送样、施工过程值班、样品管理、试验检测、试验资料的整理与保管、对各部门的工作协调等分工;从专业方面,有土工、填筑物压实度、混凝土、钢材、砂石、水泥以及各种原材料的检测指标等分工。

(2)工地试验室所有人员信息(照片、姓名、职务、资格证件编号等)应上墙(见图4-5-1)。

(3)工地试验室办公室外悬挂主要人员去向牌,每天授权负责人、安全负责人、质量负责人去向需标明,标牌规格为90cm×60cm(宽×高)、1cm灰边,标牌名称字高6cm,采

×××项目工地试验室检测人员

照片

授权负责人(信息)

照片 照片 照片 照片 照片 照片

检测员
试验人员(信息)

图 4-5-1 工地试验室人员配备

注:具体检测人员可根据实际情况进行添加。

用 PVC 板或 KT 板写真加盖玻璃板制作,挂(贴)离地(底线)150cm 墙体上(见图 4-5-2)。试验室室内、室外卫生应明确划分责任区,并落实到人、张贴上墙。

室外卫生责任　　室外卫生责任

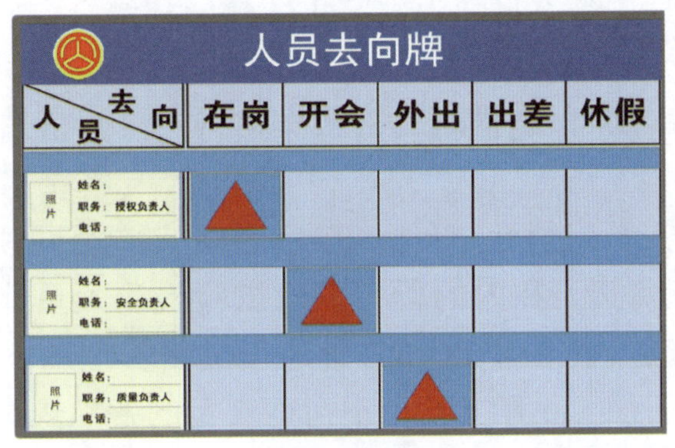


图 4-5-2 人员去向牌示意图

(4)试验检测人员须统一着装并挂牌上岗,试验检测人员在工作期间必须佩带上岗证。格式:字体为黑体,承包人,蓝底白字;监理人,黄底黑字;第三方试验检测人员(建设单位委托),红底黄字。二寸红底照片,尺寸为 12cm(高)×8cm(宽),塑封制作(见图 4-5-3)。

(5)工地试验室人员应保持相对稳定,不得同时在其他项目上兼职,一经考核通过原则上不允许人员变更。特殊情况需变更的,须由母体试验室提出申请,经建设单位管理机构同意后方可变更,批准后的人员变动应报项目质监机构备案(见附件 4-1-3)。

人员变动申请、审查、审批执行《现场管理》相关规定。

(6)工地试验室检测人员应定期、不定期参加岗前、岗中学习培训,学习培训情况应形成培训记录一览表(见附件 4-5-1)并存档,学习培训可以采取以下方式进行:

①基础理论知识,以集体培训和自学相结合为主,并有计划地选送业务骨干参加由相关部门举办的培训班。

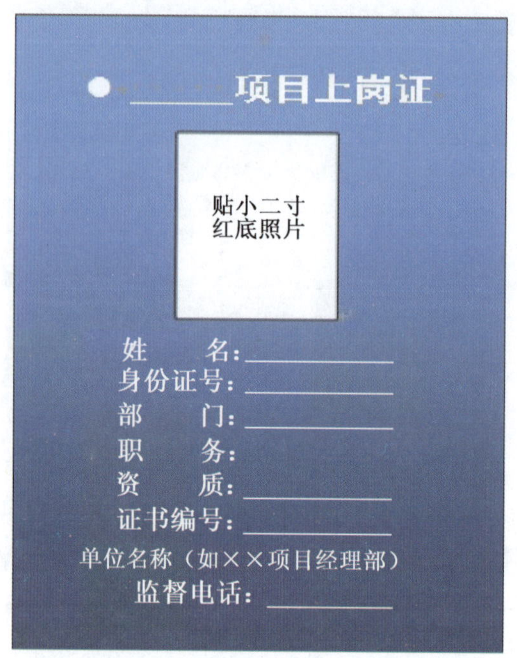


图 4-5-3　上岗证(宽 8cm × 高 12cm)

②专业基础知识，一是以自学为主与集体辅导相结合，二是分期分批选派业务骨干进修学习。

③实际操作技术，除“以老带新”外，每年进行一次人员培训，培训考核由试验室主任负责。

(7)工地试验室人员组建后，母体试验室负责人应会同项目经理部(或驻地监理处)共同组织对包括授权负责人在内的所有工地试验检测人员(或派驻试验检测人员)对上级试验室建设规定，包括本指南在内的“青岛市公路管理局标准化管理相关规定”进行宣贯学习，结合规定和工程实际建立健全本指南规定的各项规章制度。

(8)试验检测人员上岗前，母体试验室负责人应会同项目经理部(或驻地监理处)组织工地试验室全员学习以下(但不仅限于)内容：

①试验规范、施工规范、试验检测仪器操作规章、试验数据处理等强制性规定。

②设计文件等基础性文件。

③“工程资料整理归档”文件。

④工地试验室制定的各项制度、规定、规程等；

⑤其他必须掌握的知识、技能和规定。

(9)试验检测人员完成上岗学习培训后，应组织全员进行实际试验检测操作培训，以保障全员实际操作能力和试验检测的准确性。

(10)试验检测人员上岗后，应至少每月组织一次岗中理论、操作培训，有下列情况时应及时组织学习和实际操作培训：

①标准、规程等技术规范以及抽样、检测、检查、检定、校准、数据处理、资料归档等方法变更时，应及时组织有关人员学习培训；

②新引进设备使用前。

(11)母体试验室负责人应会同项目经理部(或驻地监理处)定期和不定期(每季度不少于一次)对各类人员进行考核,考核成绩填入技术档案,以证明其确实具备进行某项检测工作的能力。

(12)工地试验室建立试验人员档案,包括人员台账、毕业证书、职称证书、资格证书、试验检测证书、隶属关系证明、身份证复印件、人员培训记录及培训过程的评价和监督记录。

### 4.5.3 仪器设备管理

(1)仪器设备是开展试验检测工作的前提条件。根据现场施工需要和合同约定,配备合格的试验检测仪器设备,常用试验检测仪器设备及其技术指标基本要求见附件4-5-2。

(2)从仪器设备购置、验收、建档、安置、标识、溯源、日常使用、流转与维护保养、期间核查、周期检定等方面制定相关的管理制度,确保仪器设备在有效工作周期内正常工作,保证检测工作质量,仪器设备管理要落实到个人。

(3)仪器设备进场(到货)后,由试验室授权负责人组织相关人员对仪器设备进行进场验收,验收内容及要求如下。

①文件资料验证:合格证、说明书、保修卡、有关技术资料应齐全有效。

②实物验证:包装是否完好,仪器设备有无损坏,规格、型号、外观质量是否符合要求,随机附件是否齐全。

(4)进场验收合格的设备方可由专业人员按要求进行安装、调试、校准,并由试验室授权负责人组织对安装质量是否符合要求、仪器设备运转是否正常、技术性能、指标是否达到规定要求进行验收,确认满足规定技术要求后,填写仪器设备进场验收记录表(见附件4-5-3)、仪器设备信息表(见附件4-5-4)。

(5)所有仪器设备均安排专人保管保养,负责安全处置、维护等。仪器设备在投入使用前,应进行检定;未经检定的设备不得投入使用。每次检定(校验)后应填写仪器设备检定(校验)记录表(见附件4-5-5)。

(6)工地试验室所有仪器设备均实行标识管理,应用“三色标识”标明设备编号、检定日期、有效期等,以表明其受控及检定/校准/校核状态,防止仪器设备超期、超范围使用。

①合格(绿色)标识适用于经检定或校准验证后,达到使用量值和功能要求的仪器设备、量具或:

a. 设备不必检定,经检查功能正常的仪器设备;

b. 设备无法检定,经对比或鉴定适用的仪器设备。

②准用(黄色)标识可以限制使用的仪器、设备:

a. 多功能仪器设备的某些功能已丧失,但检验工作所用某项功能正常使用,且经校准合格的仪器设备可以使用该部分功能;

b. 测试设备某一量程精度不合格,但检验某项工作所用量程合格的仪器设备;

c. 降级使用的仪器设备。

③停用(红色)标识仪器设备,因以下原因禁止使用:

a. 经计量检定不合格的仪器设备;

b. 损坏的仪器设备;

c. 性能无法确定的仪器设备;

d. 超过检定周期的仪器设备;

e. 怀疑仪器设备有失准问题的;

f. 封存备用的。

(7)设备管理人员应根据仪器设备实际状态及时粘贴、更换三色标识,标识应粘贴在仪器设备显著位置处(见图4-5-4)。

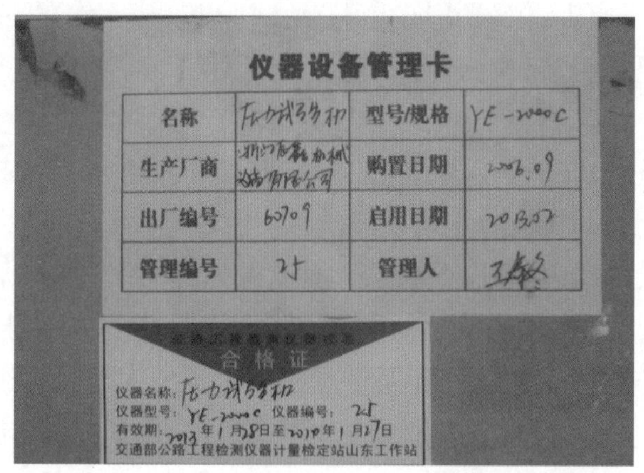

图4-5-4　三色标识卡、仪器设备管理卡示意图

(8)检验人员在使用设备前后,均应对该设备状态和环境条件进行核查,保证设备及其软件应达到要求的准确度,并符合规范标准的要求。设备应由经过授权的检验人员操作。操作者应经过培训,详细了解设备最新版本的使用说明书、技术资料内容,熟练掌握设备的性能和操作程序后,方可上机操作。每次使用设备后应及时填写“仪器设备使用记录表”(见附件4-5-6),特殊设备的操作人员应持证上岗。

(9)对容易引起误操作及重要的操作过程,由试验室组织编制操作规程及技术指导书,经技术负责人批准实施。

(10)操作过程中如发生过载、误用、故障或对设备性能有怀疑时,应立即停止使用,报设备管理人员做标识处置,防止误用。现场检验时,控制运输及现场的防震、防潮、防尘等要求;操作者应检查设施和环境条件,符合要求后再开机,检查仪器设备的技术状态并记录。

(11)对于使用频率高的设备,应适当进行期间核查,确保其工作状态符合要求。

(12)仪器设备的日常保养由授权操作人员负责进行,按使用说明书和管理要求,实施维护保养及功能性检查并填写仪器设备维护、保养、维修记录表(见附件4-5-7),不得集中补填,以确保仪器设备功能正常。

(13)仪器设备的维修工作应由专业技术人员进行,维修后的设备应由试验室授权负责人进行检查验收,检查其技术性能指标是否符合要求,然后填写仪器设备调试验收记录表(见附件4-5-8)。重新修复的仪器设备必须经检定或校准或校验等方式证明其功能指标已恢复,并经授权负责人确认后,方可再次使用。

(14)工地试验室所有仪器设备均应建立仪器设备管理卡(见表4-5-1),并张贴在仪器设备正前方右上角,尺寸为6cm×9cm,白底黑字(见图4-5-4)。卡内容包括设备名称、仪器型号、出厂编号、管理编号、管理人等。

**仪器设备管理卡格式**　　表 4-5-1

| 仪器设备管理卡 | | | |
|---|---|---|---|
| 名称 | | 型号/规格 | |
| 生产厂商 | | 购置日期 | |
| 出厂编号 | | 启用日期 | |
| 管理编号 | | 管理人 | |

(15)工地试验室应建立制定周期检定/校准/校验计划。对可自行校验的仪器设备,工地必须配备符合量值溯源要求的专用计量器具,有与其从事检测和/或校准活动相适应的专业技术人员,按照《山东省公路水运工程试验检测仪器校验方法》进行校验。

(16)仪器设备原则上每年标定一次,对于新购置的、从别的工程调运过来的设备仪器,经过安装、调试,在使用前都必须经质量技术监督局计量测试部门进行设备标定,对达不到设计或规范要求的仪器要进行校正,仍不满足要求的仪器要重新更换,直到达到要求为止。检定完毕后,要出具计量测试标定证书。

(17)用硬面将仪器使用、维修记录夹挂在相应的仪器后面,离地面一般 140cm(见图 4-5-5)。

图 4-5-5　仪器使用、维修记录悬挂示意图
(尺寸单位:cm)

(18)工地试验室仪器应建立设备管理台账(见附件 4-5-9),并按照一机一档要求建立设备管理档案,设备档案袋内内容包括:

①仪器设备进场验收记录表;

②仪器设备信息表;

③设备的购置发票(复印件);

④产品说明书及合格证;

⑤检定校准证书;

⑥检定(校验)记录;

⑦设备使用记录;

⑧维护保养及维修记录;

⑨仪器设备调试验收记录表(如有);

⑩仪器设备期间核查记录表(见附件 4-5-10);

⑪仪器设备流转(调动)记录表(见附件 4-5-11)等。

(19)工程交工前,工地试验室不得将现场的试验设备移作他用,如确因试验检测项目结束、现场不需要的试验设备,经项目建设单位书面同意,并报项目质监机构备案后,方可撤出现场。

(20)实行派驻制和委托制的,相应试验检测机构应为工程项目按本节要求建立独立的仪器设备使用管理台账，进场、检定等公用的可用复印件。

### 4.5.4　样品管理

(1)施工单位工地试验室在收到项目部材料进货通知、监理单位工地试验室在收到施工单位项目部相关材料报验单后，应及时对材料进行取样。对新进场的原材料，按要求进行抽样检测。

①取样方法应符合规范、规程要求；取样数量应满足试验过程需要，同时考虑留样数量要求(见附件4-5-12)。

②取样应有取样记录。取样记录中应包含取样时间、地点、取样样品的规格型号等基本信息。取样人、见证人应在取样单中签字(见表4-5-2)，取样单应与样品一起封存。

**取　样　单**　　表4-5-2

| 工程名称 | |
|---|---|
| 样品名称 | |
| 样品编号 | |
| 厂家(产地)/取样地点 | |
| 取样日期 | |
| 取样单位/取样人 | |
| 见证单位/见证人 | |

③当取样作为检测工作的一部分，即在现场抽样试验时，可将抽样记录直接记录在原始记录上，如与环境存在关联，还应有环境记录。

④取样应建立台账(见附件4-5-13)，取样台账、取样记录应与试验原始记录、试验报告一并存档。

⑤监理单位抽检取样应由监理试验室检测人员按规范抽取，严禁由施工单位代取。

(2)取样后必须明确标识，水泥、钢筋及其焊件、外加剂等重要原材料应标识其代表的批次，标识采用6cm×9cm的名片卡，白底黑字。

①用作试验检测的样品标识应包括4种检验状态：待检，未经检验和试验；在检，在检验和试验过程中尚未作出判断；合格，经检验和试验为合格；不合格，经检验或试验为不合格(见表4-5-3)。

**试验检测样品标识**　　表4-5-3

| 工程名称 | |
|---|---|
| 样品名称 | |
| 样品编号 | |
| 样品批次 | |
| 取/送样日期 | / |
| 检测状态 | 待检◇在检◇合格◇不合格◇ |

②仅用作留样的样品标识应标注保存期限(见表4-5-4)。

留 样 样 品 标 识　　表4-5-4

| 工程名称 | |
|---|---|
| 样品名称 | |
| 样品编号 | |
| 样品批次 | |
| 取/送样日期 | / |
| 保存期限 | |

(3)样品保存环境应保证样品品质不发生变化,抽取的样品应及时进行试验。

(4)样品管理员对于不能马上试验的样品或者需要特殊存放的样品,应按样品的存储要求进行分类存储。

(5)留样瓶、留样袋要封好口,标识清楚齐全。桶装和瓶装样品直接正面粘贴,袋装样品直接装订在袋口处(见图4-5-6、图4-5-7)。

图4-5-6　留样瓶标识示意图

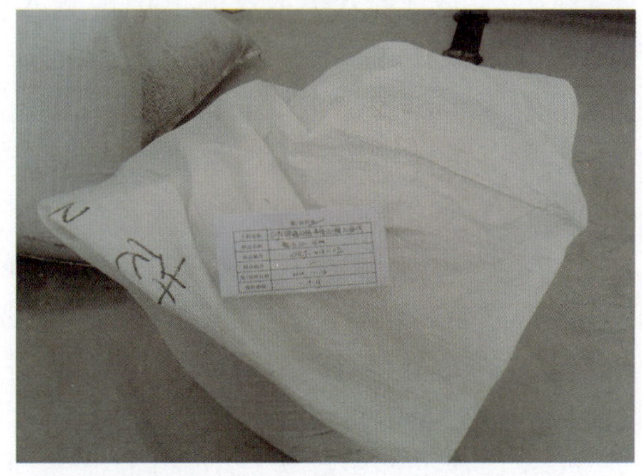

图4-5-7　留样袋标识示意图

(6)混凝土试件标识,最后一次抹面后用毛笔蘸墨汁写在试件表面一侧,其内容为编号、构造物的名称(可用字母代号)、构件部位和制作日期(见图4-5-8)。

图4-5-8　混凝土试件标识示意图

(7)现场取回的无机结合料、混凝土、沥青混合料等芯样,按要求存放于留样室。芯样用塑料袋包装,贴上标签纸,以备查验;标签采用6cm×9cm的名片卡(见表4-5-5)。

**芯 样 标 识**　　表4-5-5

| 工程名称 | |
|---|---|
| 样品编号 | |
| 取芯部位 | |
| 取芯时间 | |
| 芯样描述 | |
| 取样单位/取样人 | |
| 见证单位/见证人 | |

(8)样品室设未检区、待检区、已检区3个区域,样品分类、分品种摆放整齐有序、标识清楚、账物相符,便于存储和搬运。

(9)混凝土强度试件要与施工同步制作,确保与相应部位或构件对应,所有强度试块必须及时进入标准养护室养护,施工、监理单位不得对试件相互代为养护或保存。

(10)样品管理人员应及时取回检测人员检测完毕的样品,包括不合格或无法检测的样品,按规定连同样品标识采用优质塑料袋密封留存。

(11)按以下要求对样品留存或登记:

①所有留样样品明细(见附件4-5-14);

②所有现场取芯芯样;

③所有检测不合格或无法检测的样品;

④检测合格的样品或试件留样明细(见附件4-5-15)。

(12)样品留存时间应以保障分项工程全部交验、工程通过交工或无追溯要求方时,以保证工程质量的可追溯性:

①无保质期的留样样品、现场取芯芯样、所有检测不合格或无法检测的样品应保存至工程通过交工验收;

②有保质期的留样样品应保存至保质期满;

③检验合格的样品或试件,应保存至样品或试件涉及的分项工程全部通过交验。

(13)留存样品的处理应在保存期满后,经工地试验室授权负责人列出处理清单,并在建设单位现场管理机构、总监办或驻地办、母体试验室相关人员的监督见证下清理出场,清理过程应留好影像资料:

①工程实施期间的样品处理应填报"工程期间试验检测留存样品处理单"(见附件4-5-16);

②工程通过交工验收后的样品处理应编报样品处理报告,报告应加盖母体试验室和工地试验室印章,相关见证人员签字,报告应包括工程实施期间的样品处理相关内容;

③处理保存期满的样品或特殊样品,不得对公共环境和安全卫生造成损害,同时注意保密性。

(14)实行派驻制和委托制的,相应试验检测机构应为工程项目建立独立的样品管理台账,并在样品室设置独立的样品存放区域。

### 4.5.5 化学药品管理

(1)化学药品是检测分析中不可缺少的物质,试验室应健全管理制度,对药品的购置、储存、使用等做出明确的规定,使全体人员对试剂的性质、用途、保存、选择、配制方法等充分了解,从而使检测分析工作质量得到保障。

(2)化学药品保存环境要做到阴凉、通风、干燥、避免日光直射,要有防火、防盗设施,严禁烟火、禁止吸烟和使用明火,有火源(如电炉通电)时必须有人看守。化学试液还应注意防热、防尘,避免污染和浓度变化。

(3)要遵循既有利于使用,又要保证安全的原则,管好、用好化学药品。根据化学性质分类存放、统一专人管理,建立使用台账(见附件4-5-17),登记名称、购进日期、存放日期、有效期等,掌握化学药品的消耗、库存数量和使用情况。

(4)试验室内应限量存放剧毒、强腐蚀、易爆易燃等危险化学药品,要根据检测量具体领用,并要定期清点,用后剩余部分应随时入柜。用不上的危险化学药品,应及时调出。危险化学药品都要严加密封,并定期检查密封情况,高温、潮湿季节尤其应该注意。

(5)所有化学药品必须要做好标签(见附件4-5-18),对字迹不清的标签要及时更换。

(6)对过期失效、没有标签或者标签无法辨认的药品不准使用;无标签或者标签无法辨认的化学药品都要按照危险物品重新鉴别,并建立化学药品重新鉴别台账(见附件4-5-19)。

(7)过期失效、无法鉴别的化学药品应按规定程序及时销毁,并建立销毁台账(见附件4-5-20)。销毁时要严格操作规程、注意安全,禁止随便乱扔,以免引起严重后果或污染环境。

(8)所有化学药品不得外借(给),特殊需要外借(给)药品时,必须经试验室授权负责人和项目经理批准签字。

### 4.5.6 标准物质管理

(1)标准物质是量值传递的媒介,是质量追踪的目标,是检验水平的标准,其用以对比、校验试验的准确性。

(2)试验室应购置国家标准计量主管部门批准、颁布并授权生产的标准物质:

①必须是国家公布的一级或二级标准物质,要有CMC标志;

②应选择与待测样品相类似的标准物质;

③标准物质的浓度水平应与直接用途相适应;

④准确度水平与期望分析结果的准确度相匹配。

(3)标准物质管理实行专人负责制,建立标准物质使用台账(见附件4-5-21)。

(4)应严格按规定条件保存标准物质,实行专柜储存制,保护好标准物质的稳定性、均匀性,防止其发生变质和损坏。

(5)标准物质应实施统一的标识管理(见附件4-5-22),防止误用和混淆,按照标准物质说明书上规定的使用期限进行定期更换,不得使用过期标准物质。

### 4.5.7 资料管理

(1)试验室资料包括各种规程、规范、标准、方法、仪器设备档案,以及试验记录、试验报告、委托书,应设专柜对试验室资料进行分类管理,并由专人保管。

(2)工地试验室应配备各试验相应的国家(行业)标准、规范、规程(见表4-5-6),并确保使用的标准是最新有效版本。建立并保持文件编制、审核、批准、标识、发放、保管、修订和废止等的管理程序,确保文件现行有效。

**一般需配备标准、规范、规程文件清单**　　表4-5-6

| 序号 | 文件名称 | 数量 | 文件代号 | 受控号 | 实施日期 | 备注 |
|---|---|---|---|---|---|---|
| 1 | 公路土工试验规程 | | JTG E40—2007 | | 2007-10-01 | |
| 2 | 公路路基施工技术规范 | | JTG F10—2006 | | 2007-01-01 | |
| 3 | 公路路基设计规范 | | JTG D30—2015 | | 2015-05-01 | |
| 4 | 公路路基路面现场测试规程 | | JTG E60—2008 | | 2008-09-01 | |
| 5 | 公路工程岩石试验规程 | | JTG E41—2005 | | 2005-08-01 | |
| 6 | 公路工程集料试验规程 | | JTG E42—2005 | | 2005-08-01 | |
| 7 | 公路工程水泥及水泥混凝土试验规程 | | JTG E30—2005 | | 2005-08-01 | |
| 8 | 通用硅酸盐水泥 | | GB 175—2007 | | 2008-06-01 | |
| 9 | 水泥比表面积测定方法勃氏法 | | GB 8074—2008 | | 2008-08-01 | |
| 10 | 公路工程沥青及沥青混合料试验规程 | | JTG E20—2011 | | 2011-12-01 | |
| 11 | 公路沥青路面施工技术规范 | | JTG F40—2004 | | 2005-01-01 | |
| 12 | 公路路面基层施工技术规范 | | JTJ 034—2000 | | 2000-10-01 | |
| 13 | 公路沥青路面设计规范 | | JTG D50—2006 | | 2007-01-01 | |
| 14 | 公路水泥混凝土路面施工技术细则 | | JTG/T F30—2014 | | 2003-07-01 | |
| 15 | 普通混凝土配合比设计规程 | | JGJ 55—2011 | | 2011-12-01 | |
| 16 | 砌筑砂浆配合比设计规程 | | JGJ/T 98—2010 | | 2011-08-01 | |
| 17 | 建筑砂浆基本性能试验方法标准 | | JTJ 70—2009 | | 2009-06-01 | |
| 18 | 公路工程无机结合料稳定材料试验规程 | | JTG E51—2009 | | 2010-01-01 | |
| 19 | 公路桥涵设计通用规范 | | JTG D60—2004 | | 2004-10-01 | |
| 20 | 公路桥涵施工技术规范 | | JTG/T F50—2011 | | 2011-08-01 | |
| 21 | 公路隧道施工技术规范 | | JTG F60—2009 | | 2009-10-01 | |
| 22 | 公路隧道设计规范 | | JTG D70—2004 | | 2004-11-01 | |
| 23 | 公路工程质量检验评定标准 第一册　土建工程 | | JTG F80/1—2004 | | 2005-01-01 | |

续上表

| 序号 | 文件名称 | 数量 | 文件代号 | 受控号 | 实施日期 | 备注 |
|---|---|---|---|---|---|---|
| 24 | 钢筋混凝土用钢<br>第1部分:热轧光圆钢筋 | | GB 1499.1—2008 | | 2008-09-01 | |
| 25 | 钢筋混凝土用钢<br>第2部分:热轧带肋钢筋 | | GB 1499.2—2007 | | 2008-03-01 | |
| 26 | 冷轧带肋钢筋 | | GB 13788—2008 | | 2009-06-01 | |
| 27 | 预应力混凝土用钢丝 | | GB/T 5223—2014 | | 2015-04-01 | |
| 28 | 预应力混凝土用钢绞线 | | GB/T 5224—2014 | | 2015-04-01 | |
| 29 | 金属材料　弯曲试验方法 | | GB/T 232—2010 | | 2011-06-01 | |
| 30 | 金属材料　拉伸试验<br>第一部分:室温试验方法 | | GB/T 228.1—2010 | | 2011-12-01 | |
| 31 | 钢筋焊接及验收规程 | | JGJ 18—2012 | | 2012-08-01 | |
| 32 | 钢筋焊接接头试验方法标准 | | JGJ/T 27—2014 | | 2014-12-01 | |
| 33 | 钢筋机械连接技术规程 | | JGJ 107—2010 | | 2010-10-01 | |

注:可根据实际工作选配标准规范规程。

(3)标准规范、规程应在左上侧加盖受控章(长4cm×宽2cm,见表4-5-7),同时应建立借阅制度。

受控章格式　表4-5-7

| 受控章 | |
|---|---|
| 受控编号 | |
| 持有人 | |
| 检测部门 | |

(4)工地试验室试验检测报告格式应严格按照《公路试验检测数据报告编制导则》(JT/T 828—2012)中要求进行编写,已完成的试验检测项目经复核后应及时出具报告并归档。

(5)公路试验检测数据报告分为公路试验检测记录表和公路试验检测报告两种表格类型。报告由标题区、表格区、落款区三部分内容组成,其中表格区按内容又可分为检验对象信息区、检验对象属性区、检验数据区和附加声明区等。

①检测报告及原始记录要求整洁、规范,格式一致,相关信息完整,结论表述正确,使用标准、评定标准正确,签字齐全。签字实行三级签字制度,即:试验员、复核人、试验室负责人逐级签字。

②试验原始记录、试验报告一律用蓝(黑)色钢笔或签字笔书写,字迹应清晰、工整,记录规范,要求格式一致,相关信息完整,结论表述正确,使用标准、评定标准正确,签字齐全。

③原始记录不得随意涂改或涂黑,若对记录或书写错误进行更正应按以下要求进行:

采用“杠改”方式，本着“谁记录，谁更改”的原则，由更正人在需“杠改”处画两条水平线并加盖自己的名章或签名后，在“杠改”记录的上方填上正确的内容，并保持原记录清晰可辨。

④试验检测人员应按规定及时填写各项试验记录，随时检测、随时记录，不得集中补填。

⑤原始记录本按要求挂在试验室墙上。

⑥试验原始记录、试验报告中数据修约应符合规程、标准要求。试验技术资料中计量单位应符合相关要求。

(6)严格按照规定进行数据修约，采用修约比较法时，当标准中规定的指标或参数为基本数值带偏差值，判定时应将修约后的数值与基本数值加上或减去偏差值的结果进行比较。

(7)工地试验室出具的试验检测报告应加盖工地试验室印章，派驻制工地试验室的试验报告应加盖母体试验室章。

(8)工地试验室应分类建立试验台账(见附件 4-5-23 ~ 附件 4-5-36)，台账管理应分工明确、责任到人，相关信息详细完整，并悬挂于相应的功能试验室墙上。

(9)试验检测不合格报告应单独归档存放，并附不合格原材料、结构物等的处理说明或整改报告，并建立不合格品处理台账(见附件 4-5-37)。

(10)派驻制母体试验室、外委检测单位应单独设置项目档案，以便查阅和管理。

(11)为及时掌握各级试验室自检、抽检、送检的工作情况，有效控制工程施工质量，应建立试验月报制度，施工、监理单位在每月初汇总上月试验检测情况，形成试验月报，逐级上报。建设单位现场管理机构及时分析汇总试验月报，撰成总结报告，并于每月 6 日前报市局基建处。

### **4.5.8**　环境管理

(1)工地试验室的检测、校准设施以及环境条件应满足相关法律法规、技术规范或标准要求，环境温、湿度控制要求(见附件 4-5-38)，做到动静分离、高温低温分开，互不干扰。

(2)试验过程中产生的固体废弃物应集中存放、定期清理，不得到处摆放、随意丢弃；液态废弃物、废水等应按要求排放，严禁直接排放而导致环境污染；危化品处理应严格按照国家规定程序，严禁随意处置。

(3)不同试验区域间的工作相互之间有不利影响时，应采取有效的隔离措施，对影响工作质量和设计安全的区域和设施应加以有效防护控制，并设置安全警示。

(4)试验室内禁止随地吐痰、乱扔脏物，禁止将与检测无关的物品带入室内。

(5)建立卫生值日制度，各试验操作室清洁卫生工作落实到人，定期清扫试验室外周边环境卫生，疏通排水管道和水沟。

### **4.5.9**　安全管理

(1)工地试验室安全工作必须坚持“预防为主、安全第一”的方针，对试验人员进行安全教育，提高安全意识；坚持“谁主管、谁负责”的原则，实行安全责任制；严格执行防火、防盗、防爆制度，以防意外事故的发生。

(2)安全工作必须与试验室管理工作同计划、同布置、同总结、同评比，做好日常安全工作记录，发现安全隐患及时排除，有针对性地制定安全防护措施。

(3)试验室要配备灭火设备，工地试验室至少要配备3个灭火器和2个沙箱(见图4-5-9)，合理分布在各功能室外。灭火器悬挂高度离地面130cm。电气设备失火，应立即切断电源，用干粉灭火器灭火；化学药品失火可用干粉灭火器或湿布灭火。已酿成火灾，应立即报警，同时组织抢救。

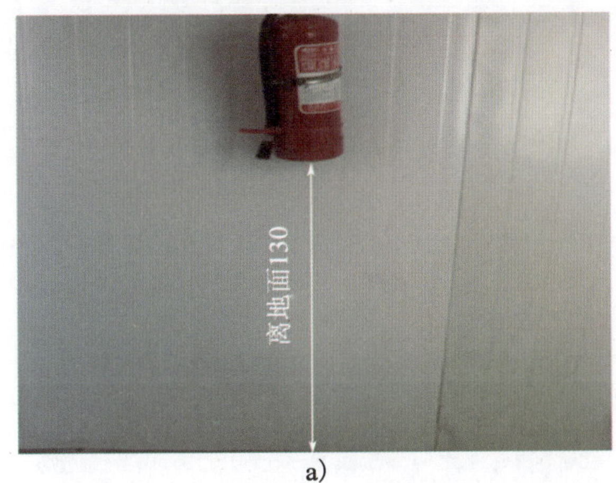


a)

b)

图4-5-9 灭火设备示意图(尺寸单位：cm)

(4)试验室用电具有独立的专用线，并在总闸上安装触电保护器，力学室和标准养护室也要分别安装触电保护器(见图4-5-10)。

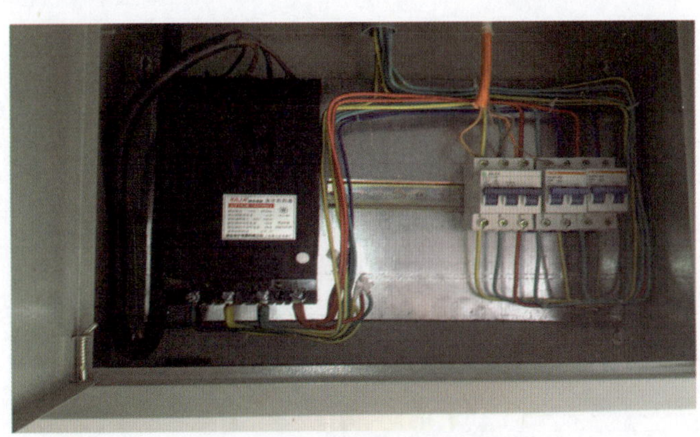

图4-5-10 触电保护器示意图

(5)有毒、有害及易燃物品应设专区存放，按规定分类存储，建立药品使用记录和清单，并采用双人双锁制进行保管(见图4-5-11)。

(6)试验人员在进行沥青等、化学品的有毒或有腐蚀性的试验时，应穿戴防护用品，加强安全防护(见图4-5-12)。

(7)工地试验室配备安全帽、手套、口罩等劳动保护物品，加强用水用电管理，不超负荷用电；严禁非电工人员乱接、乱拉电线和随意在线路上增加用电设备；电源、电闸下禁止摆放易燃易爆品，出现意外时应及时切断电源。

图 4-5-11　有毒、有害及易燃物品存放示意图

图 4-5-12　进行有毒或有腐蚀性试验时穿戴防护用品示意图

(8)应建立应急处置预案，按规定进行必要的应急演练；新到试验室工作人员，必须进行安全知识、应急处理等相关培训。

## 4.6　试验

(1)按照规定的抽检频率开展工地试验室试验检测工作(见表 4-6-1)，该试验检测包括标准试验、抽样试验以及外委试验等。

试验检测参数及频率　　表 4-6-1

工程名称：　　合同段：

<table>
<tr><th>序号</th><th colspan="2">项目</th><th>参　数</th><th>施工单位自检频率</th></tr>
<tr><td rowspan="2">1</td><td colspan="2" rowspan="2">土工</td><td>击实试验颗粒分析<br>界限含水量试验</td><td>每 5000m$^3$ 一次</td></tr>
<tr><td>室内 CBR 试验</td><td>每种土质一次</td></tr>
<tr><td rowspan="13">2</td><td rowspan="13">集料</td><td rowspan="5">粗集料</td><td>筛分</td><td rowspan="5">每批次进场检验一次，每检验批代表数量不得超高 400m$^3$</td></tr>
<tr><td>含泥量及泥块含量</td></tr>
<tr><td>针片状含量</td></tr>
<tr><td>压碎值</td></tr>
<tr><td>表观密度与堆积密度</td></tr>
<tr><td rowspan="5">细集料</td><td>筛分</td><td rowspan="5">以进场数量为一检验批，每检验批代表数量不得超过 200m$^3$</td></tr>
<tr><td>表观密度与堆积密度</td></tr>
<tr><td>含泥量及泥块含量</td></tr>
<tr><td>砂当量</td></tr>
<tr><td>含水率</td></tr>
<tr><td rowspan="3">矿粉</td><td>矿粉筛分</td><td>每批进场检验一次，每检验批代表数量不超过 100t</td></tr>
<tr><td>矿粉亲水系数</td><td>每一料源一次</td></tr>
<tr><td>矿粉密度</td><td>每一料源一次</td></tr>
</table>

续上表

| 序号 | 项目 | 参 数 | 施工单位自检频率 |
|---|---|---|---|
| 3 | 水泥 | 细度 | 同厂家、同品种、同强度等级且不大于200t的包装水泥试验1次<br>对水泥质量有怀疑或水泥生产日期超过3个月应重新试验，以确定其实际强度等级<br>散装水泥同厂家、同品种、同强度等级且不大于500t试验1次<br>对水泥质量有怀疑或水泥生产日期超过3个月应重新试验以确定其实际强度等级 |
| | | 标准稠度用水量 | |
| | | 凝结时间 | |
| | | 安定性 | |
| | | 胶砂强度 | |
| 4 | 粉煤灰 | 细度 | 每批次进场检验一次，每检验批代表数量不超过200t |
| | | 需水量比 | |
| | | 含水量 | |
| | | 抗压强度比 | |
| 5 | 水泥砂浆 | 水泥砂浆配合比 | 砂浆：重要结构物2组/d；一般结构物1组/d |
| | | 泌水率 | |
| | | 稠度 | |
| | | 强度 | |
| 6 | 水泥混凝土 | 抗压强度 | 混凝土：每班留2～4组试件，日进度大于或等于500m取3组，小于500m取2组 |
| | | 抗弯强度 | 日进度大于或等于1000m取4组，大于或等于500m取3组，小于500m取2组 |
| | | 混凝土凝结时间 | 配合比测定 |
| | | 坍落度试验 | 每一工作班或者每一单元结构物不应少于2次 |
| 7 | 无机结合料稳定材料 | 最大干密度（含振动成型） | 在料源变化时 |
| | | 最佳含水量（含振动成型） | 在料源变化时 |
| | | 无侧限抗压强度 | 稳定细粒土：每一作业段或2000$m^2$6个试件；稳定中粒土和粗粒土：每一作业段或2000$m^2$，9或13个试件 |
| | | 水泥或石灰剂量 | 每2000$m^2$一次，至少6个样品 |
| | | 石灰有效钙镁含量（若有） | 材料组成设计和生产使用时分别测2个样品，以后每月测2个样品 |
| | | 粉煤灰细度（若有） | 做材料组成设计前测2个样品 |
| | | 粉煤灰烧失量（若有） | 做材料组成设计前测2个样品 |
| 8 | 沥青 | 针入度 | 高速一级：每批次及每2天1次；其他等级：每批次及每周1次 |
| | | 延度 | 高速一级：每批次及每2天1次；其他等级：每批次及每周1次 |
| | | 软化点 | 高速一级：每批次及每2天1次；其他等级：每批次及每周1次 |

续上表

<table>
<tr><th>序号</th><th colspan="2">项目</th><th>参　　数</th><th>施工单位自检频率</th></tr>
<tr><td rowspan="8">8</td><td colspan="2" rowspan="8">沥青</td><td>黏附性</td><td>每批次</td></tr>
<tr><td>薄膜加热试验</td><td>每批 1 次</td></tr>
<tr><td>密度</td><td rowspan="5">每台拌和机每天 1 次,2 个试样的平均值</td></tr>
<tr><td>马歇尔稳定度</td></tr>
<tr><td>最大理论密度</td></tr>
<tr><td>矿料级配</td></tr>
<tr><td>沥青用量</td></tr>
<tr><td>动稳定度(车辙试验)</td><td>配合比设计及验证时</td></tr>
<tr><td rowspan="6">9</td><td rowspan="6">钢筋</td><td rowspan="3">焊接钢筋</td><td>闪光对焊拉伸</td><td rowspan="3">每批一次,焊接为 300 个一批,机械连接为 500 个一批</td></tr>
<tr><td>闪光对焊弯曲</td></tr>
<tr><td>电弧焊</td></tr>
<tr><td rowspan="3">钢筋原材</td><td>外观</td><td rowspan="3">每批次进场检验一次;同品种、同等级、同一截面尺寸、同炉号、同一厂家生产的钢筋,每 60t 为一批</td></tr>
<tr><td>拉伸</td></tr>
<tr><td>冷弯</td></tr>
</table>

(2)试验检测人员应严格按照试验标准或规程规定的操作步骤进行试验,以确保试验检测数据的真实性、准确性,不得有下列行为:

①超出批准的试验检测范围,出具试验报告;

②随意更换试验检测仪器、设备和试验检测人员;

③与被检测单位串通、弄虚作假,降低建设工程质量标准;

④捏造数据、伪造试验检验报告;

⑤不遵守职业道德、玩忽职守、营私舞弊,造成试验检测工作差错,影响工程质量。

(3)工地试验室试验检测过程应留存影像资料,作为内业资料的一部分:

①用摄像机或手机(像素高于 500 万)对试验进行全过程(包括试验材料和试验器具的准备过程)进行拍摄;

②对于同一项目(参数)、不同检测时间的试验检测,采取适当措施,标明拍摄时间或加以区别;

③根据试验名称对影像资料加以命名,分门别类进行整理,并归档、备份。

# 5 临时工程

临时工程主要包括施工临时供电，施工便道、便桥。施工便道、便桥，是施工及管理车辆的通行道路，通常不允许外部车辆通行。

## 5.1 一般规定

(1)施工临时用电应符合《施工现场临时用电安全技术规范》的规定，同时应制订安全用电技术措施和电器防火措施。临时用电主线应经相关电业部门审核批准，临时用电支线应编制专项方案、组织专家论证。

(2)施工现场临时用电应采用 TN-S 接地、接零保护系统，采用 3 根火线、1 根工作零线、1 根保护零线的“三相五线制”。

(3)严格按照施工用电支线专项方案架设和管理电力线，动力和照明线应分开架设。

(4)架空线应采用绝缘导线或电缆线，应架设在专用电杆上，严禁架设在树木、脚手架及其他设施上。防水电缆应设保护措施，严禁随地布设。

(5)临时用电严格执行“总配电箱、分配电箱、开关箱以及开关箱、分配电箱或总配电箱设漏电保护器”的三级配电、二级保护方式，漏电保护器符合国家现行标准《剩余电流动作保护电器的一般要求》的规定，并与用电设备相匹配。

(6)用电设备实行“一机一闸一漏一箱”制，开关箱由末级分配电箱配电，开关箱内应“一机一闸”，严禁一个开关直接控制 2 台及以上的用电设备。

(7)配电箱、开关箱应装在干燥、通风及常温场所，并保证有满足两人同时作业的空间，其周围不得堆放任何有碍操作、维修的物品。

(8)所有配电箱、开关箱均需编号配锁，标明负责人姓名、联系电话、使用部位，张贴安全警示标识牌。

(9)配电房(室)、变压器等固定电力设备均设安全防护屏障或网栅围栏，高度不低于 2.5m，应设置明显的禁止、警告标志。所有电气设备均应设接地线接地。

(10)应配备专业电工，电工持证上岗。应配备齐全符合规定的电工作业工具、设备，配电箱、用电设备应做好防雨措施，雨季施工时应加强用电设备巡视。

(11)电力作业人员应持证上岗，按规定正确穿戴、使用劳动保护用品。

## 5.2　施工便道、便桥

### 5.2.1　一般规定

(1)施工便道分为纵向便道和横向便道。施工纵向便道要靠近本合同段各主要施工点,以满足施工机械进场;横向便道以直达用料地点为原则,避免二次倒运。

(2)便道干线宜设置在主线一侧,并尽量设置在路基坡脚及小型构造物洞口、桥梁锥坡以外,以减少施工与运输的相互干扰,不影响路基、桥涵施工。

(3)要充分结合地方道路设置便道、便桥,充分利用已有道路、桥梁,对已有道路危桥应进行加固处理。要注意保护便道临时占地的植被,尽量减少对生态的破坏。

(4)要严格控制便道的最大纵坡。在道路交叉口要设置警示、警告、限速等标识。

(5)施工便道一次规划完成,不得随意开挖临时便道。尽量减少路堤上下坡道口设置数量,设置位置尽量避开高填方地段。

(6)施工结束后,自行拆除施工便桥、便道,做好复垦、河道清理及垃圾处理等工作。

(7)便道、便桥执行"设计→审批→施工→验收→使用"的程序,驻地监理、总监办逐级审核,建设办审批。

(8)施工期间经常对便道(便桥)进行维护保养,及时修补路面坑槽,清理排水沟、桥涵杂物,保证便道平整、便桥稳固。

(9)每合同段应至少安排一部洒水车用于晴天洒水,做到雨天不泥泞、晴天不扬尘。

(10)便道应根据实际情况设置必要的临时性警示柱、防撞护栏等安保设施。

(11)便道宜设置临时桩号和必要的临时工点指向标志。

### 5.2.2　施工便道

(1)施工便道路面宽度不小于4m、最小转弯半径不小于20m、最大纵坡不大于10%,不大于300m设置1处错车道。错车道路面宽度不小于6.5m、长度不小于20m。

(2)施工便道路面为厚度不小于20cm的砂石或泥结碎石等材料经硬化后形成(见图5-2-1)。

(3)施工便道设置排水沟,沟底宽度和深度不小于50cm,以保证排水畅通。

(4)施工便道路面保持平整、直顺、美观;路况完好,无坑洼,无落石,无淤泥,不积水。

(5)便道经水沟地段,要埋置钢筋混凝土圆管或设置过水路面,做到排水畅通。

### 5.2.3　施工便桥

(1)便桥结构按照实际情况进行专门设计,要满足排洪要求。便桥桥面宽度不小于4.5m。

(2)为防止水流冲刷,桥台上游回填部分要有防护措施。

(3)桥面应设置临时钢管栏杆,钢管直径不小于75cm、立柱间距不大于2m、高度不小于1m,钢管栏杆喷涂红白相间反光漆,桥头应设置反光警示标牌(见图5-2-2)。

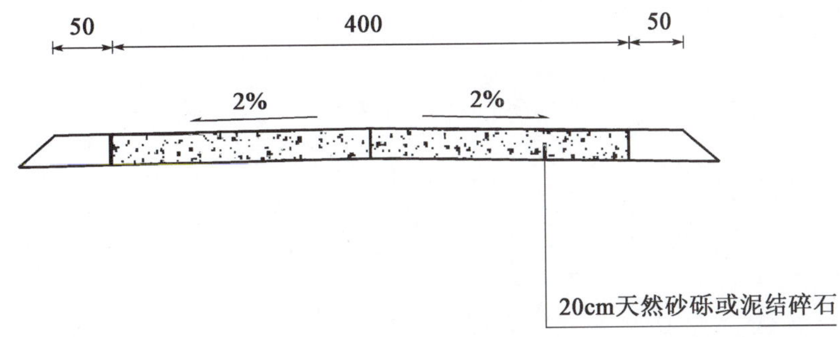


a）一般便道断面图

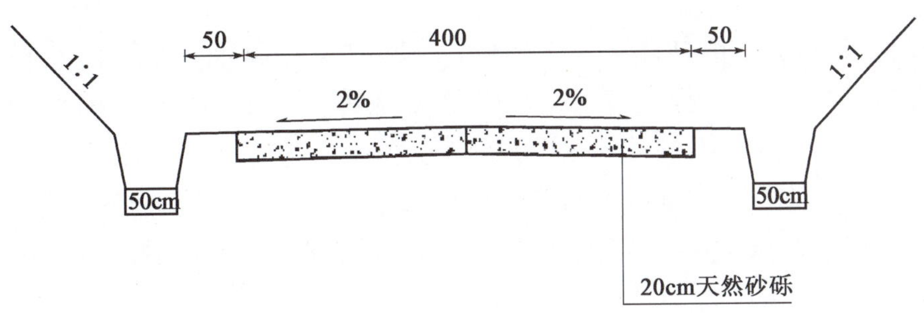


b）挖方便道断面图

图 5-2-1 施工便道结构示意图（尺寸单位：cm）

图 5-2-2 施工便道、便桥图片

（4）桥面高度不低于上年最高洪水位。

# 6　安全文明施工

## 6.1　一般规定

施工现场标准化建设包括路基(含小桥涵、防护等)、路面(含附属)、桥梁、隧道、房建、机电(含监控、通信、收费等)、交通(含安全设施等)、绿化等施工场地的标准化管理,重点是做好施工现场管控,抓好施工现场“责任主体、工艺流程、控制要点、检验体系”四要素,在每一个施工现场均设置主要控制标牌,做到施工工艺科学合理、质量控制严谨得当、施工设备运转安全、现场材料存放规范、管理人员挂牌上岗、操作人员持证上岗。基本要求如下:

(1)施工现场应做到文明、环保施工。应采取积极措施,保持现场规范、整洁;应采取有效处置措施,防止大气、水土、噪声污染,降低施工对工程沿线居民正常生活的影响程度。

(2)施工现场不得随意占用或破坏周围的土地、道路、绿地以及公共设施场所,应将工程对周围居民的正常出行影响降到最低。

(3)应尽量减少粉尘等污染物的排放,配备足够的洒水设备,定期洒水对施工现场进行灭尘,及时处置现场粉沙、浮土;应完善施工现场临时排水设施,保持排水畅通。不得出现晴天“扬尘”、雨天“水泥”现象。

(4)应尽量减少施工废水、污水、废油排放,施工产生的废水、污水、废油不得直接排入河流、平塘、湖泊、大海等,严禁排入水源地,避免对周边水土环境的污染。

(5)现场完成清表后,应设置明显分界线,以实现田路分离、封闭式管理。桥梁、隧道工程应采用封闭式管理,路基、路面工程应全线或分段实行封闭管理。

(6)施工范围内场地应整洁、无杂物,多余筑路材料、施工垃圾按时清理至指定场地,做到“工完场清”;施工现场应按规定设置警示、警告等安全生产管理标志;施工现场出入口、穿村镇路段两端以及与其他通车道路、铁路相交处等,应设置明显的安全警示标志,具体标志参见《现场管理》分册。

(7)路基、路面工程穿城镇路段应设置必要的围挡并设置临时过路人行通道,绕行线路较远的危桥拆除重建工程应设置临时过河人行通道,在围挡以及通道两端应设置友情提示标识(见图6-1-1)。

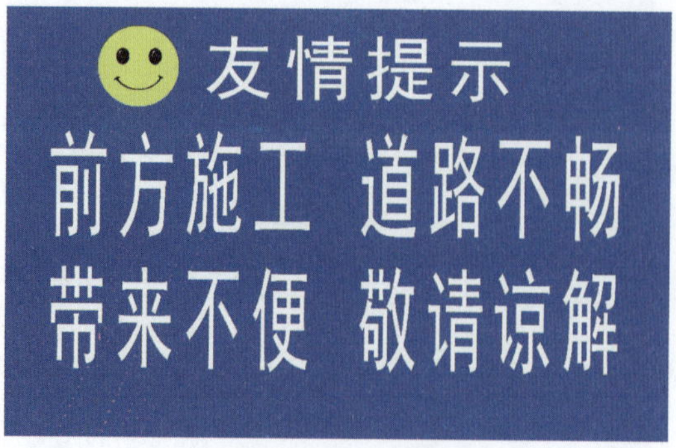

友情提示
前方施工　道路不畅
带来不便　敬请谅解

图6-1-1　友情提示标识(宽2000mm、高1600mm)

**6.1.1** 标示、标识

(1)在路基、路面、隧道、交通、绿化工程起、终点处,以及桥梁、房建、机电工程现场明显位置,应按"标识建设"的相关规定设置工程公示牌。

(2)非独立路基、路面、隧道、大中桥梁、房建工地现场应设置"六牌一图":工程内容公示牌、质量保障体系牌、规范操作控制牌、文明环保控制牌、平安工地建设牌、危险源告知牌、工程平面布置图。

(3)独立的路基、路面、隧道、大中桥梁、房建工程现场的"六牌一图",可与项目部驻地建设相结合进行综合设置,但现场须设置当日危险源告知牌。

(4)小桥涵洞、防护工程、机电、交通工程施工现场应设置当日危险源告知牌。

(5)各分项工程按批准后的施工工艺确定施工流程图,施工现场醒目位置应设置经核准后的工艺流程公示牌。

(6)各分项工程应按照经试验路施工验证的拌和、运输、摊铺、压实、浇筑、养护、吊装等工艺标准,与完成工序相关的主要施工设备和相配套的辅助机具、现场试验检测设备仪器,以及施工管理、测量、试验人员的标准配置,于施工现场醒目位置设置经核准后的施工标准配置公示牌(见图6-1-2)。

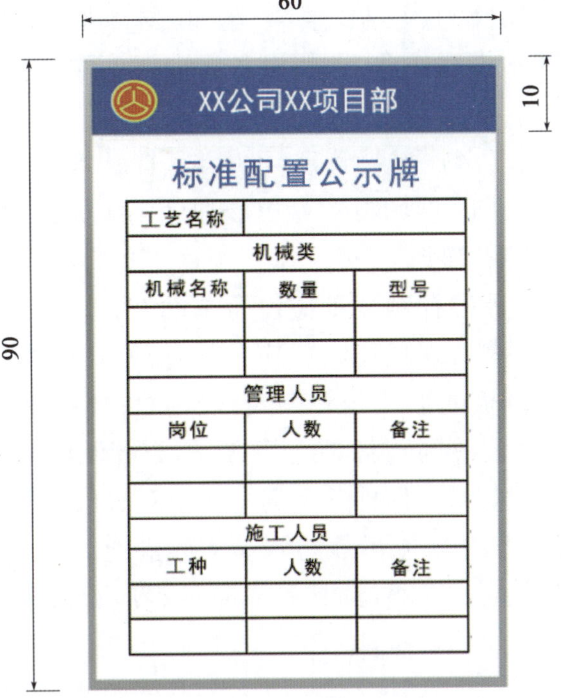


图6-1-2 标准配置公示牌(尺寸单位:cm)

(7)路基、路面、桥梁各工序工作区域应按《"标识标准化"规定》摆放相关标识,规定中未列明部分参照有关规定要求和本指南附表内容设置。

**6.1.2** 现场用房

(1)应根据施工队工点实际情况,布设合理设置临时性用房,非独立大中桥梁、隧道、房建工程施工现场应设置符合本指南规定的活动彩钢板房,房屋面积应满足现场人员办公、生活需要。

(2)临时看护性用房可以采用帐篷,但全线帐篷应统一,帐篷内应保持整洁。

**6.1.3** 设备管理

(1)机械设备实行准入制度。根据投标承诺、施工组织计划的数量、技术性能、工作效率等足额配置;根据施工安排,先后全部进场。

(2)工序具体设备配置应满足《青岛市普通国省干线公路施工标准化指南——施工工艺》(以下简称《施工工艺》)最低要求,并经试验施工验证、审批。

(3)工程现场各类机械每天作业完毕后,应在作业区外进行清理,并规整停放在作业区外。

（4）沿线施工设备定点存放、停放整齐有序，并摆放相关标志。机械设备夜间停放应设置反光警示牌，防止发生撞伤事件。

（5）每次作业完成后，筑路设备（路面摊铺、压实，混凝土路面浇注、振捣等设备）机械的保养、清理、停放，应在路面施工作业区外（下卧层），并在清理、停放区地面铺设隔离篷布或土工布，严禁油污污染路面面层。

（6）应按照“清洁、紧固、调整、润滑、防腐”要求强化设备保养工作；维护机械设备，使其不带病作业；严禁设备漏油污染作业面。

### 6.1.4　材料管理（原材料、周转料具）

（1）现场材料存放场地应高于原地面20cm以上，经适度压实后，铺设不小于10cm厚的碎石垫层。

（2）存料场地应设置单面坡，以保证排水顺畅，必要时周边应施工临时排水、截水沟。

（3）现场原材料应分类存放、码放整齐，砂石料应按不同粒径、不同品种采用设置砖砌隔板的形式分仓存放；现场原材料不得混放或串料，并按规定设置材料标志。

（4）周转料具应随拆、随整、随保养，堆放整齐。碗扣支架等易滑落料具应采取临时捆绑措施；平面模板应光面相对叠放，防止划伤表面，影响浇注效果；大型整体模板应架立放置，并采取可靠防倾覆支撑措施，防止模板变形；严禁模板倚靠在其他模板或物件上。

（5）支座、锚具等成品材料应存放于封闭库房内、随用随调，施工现场存放时间不得超过24h。

（6）氧气、乙炔、液化气等易燃、易爆物品，应设置在四周封闭的简易存放棚内，分开存放（存放距离不小于5m）；配备必要的消防器材，并设置相应的警示标志，禁止露天存放。

## 6.2　路基工程

（1）路基施工排水先行，临时排水措施应针对性强且排水畅通。临时排水设施要与永久排水设施、改扩建路基原道路排水系统综合考虑。

（2）清表种植土宜暂时集中存放，用作后期路肩、中央分隔带填土；清表垃圾应运至弃土场。

（3）路基填筑土石方应逐层填筑、及时整平碾压；边坡多余土方及时整理；不适宜材料及时清运出场；路堑挖方边坡，随挖随整。

（4）小桥涵基坑开挖应设置警示围挡措施；高填方路基、深挖路堤开挖面顶部应设置临时性警示桩；路基爆破施工应设置临时性安全措施。

（5）路基加宽改造应设置必要的警示围挡措施；旧路小桥涵加宽改造应设置安全围挡。

（6）弃土场应整齐堆放，分层压实，四周修筑必要的挡墙及排水沟；弃方边坡按水土保持方案进行防护、绿化，防止水土流失。

（7）路基施工现场应采取在下卧层打网格形式，进行分段逐层施工、逐层验收，不得混合填筑，四区（填筑区、整平区、碾压区、检验区）明确，做到规范有序、标志齐全、现场整洁(见图6-2-1)。

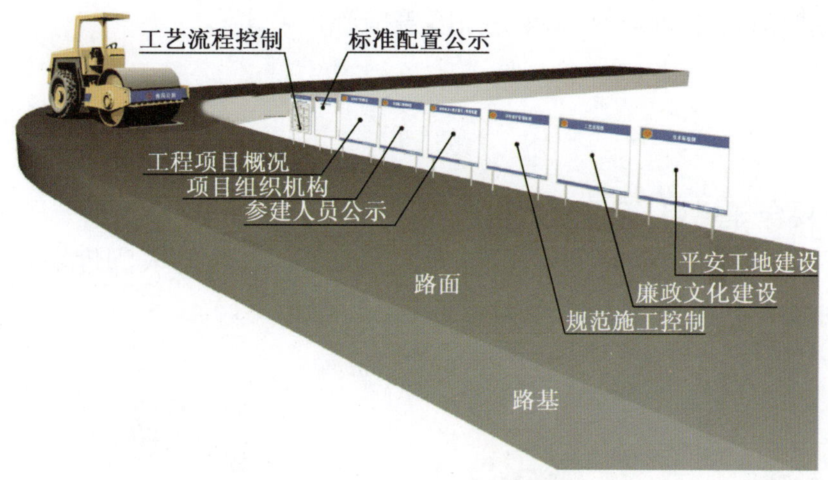


图6-2-1 路基施工现场示意图

## 6.3 路面工程

(1)路面推行“零”污染。施工车辆车厢应保持清洁,进入施工现场轮胎上不得粘有泥土,必要时设洗车平台冲洗轮胎,防止路面施工期污染、路面层间的二次污染。

(2)一般情况不得采取分层铺筑方式的双层连铺基层;严禁采用一套摊铺、压实设备分层双层连铺。

(3)透层、下封层施工前应将下卧层(基层)清扫干净,无浮尘、夹层;用透层养护时,下卧层表面应碾压成型、稍加干燥,完工后严禁车辆通行。

(4)覆盖养护到位。养护期内应保持基层、混凝土路面湿润,并设置养护标志,标志应注明成型时间(见图6-3-1)。

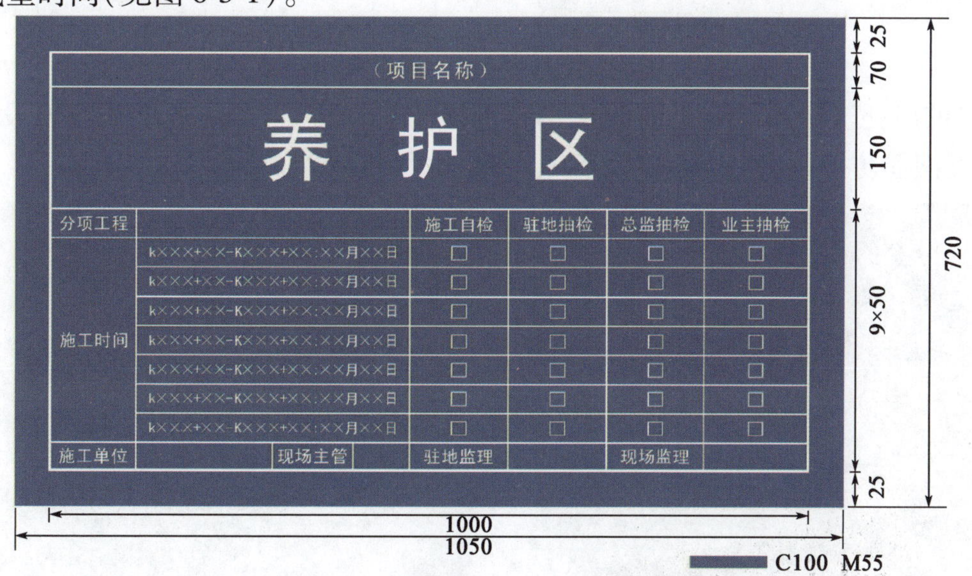


图6-3-1 养护标志(尺寸单位:mm)

说明:×××部分为预留填写位置,已经验收检查且合格的在□内用红色油性笔画对勾,已检查但不合格的□内划叉,未检查的不作任何标志;桥梁下部构造用具体位置代替桩号

(5)路面下面层尽量与上基层安排在同一年内施工完成，上基层一般不得越冬。下基层在进入冰冻期前在顶面采取有效防冻覆盖措施。

## 6.4　桥梁工程

(1)泥浆池要合理规划，不得随意排放泥浆。

(2)基坑、泥浆池四周50cm以外用钢管围栏防护，立柱打入深度不小于50cm、间距不小于2m，并挂渔网式防护网和相应警示标示(见图6-4-1)。

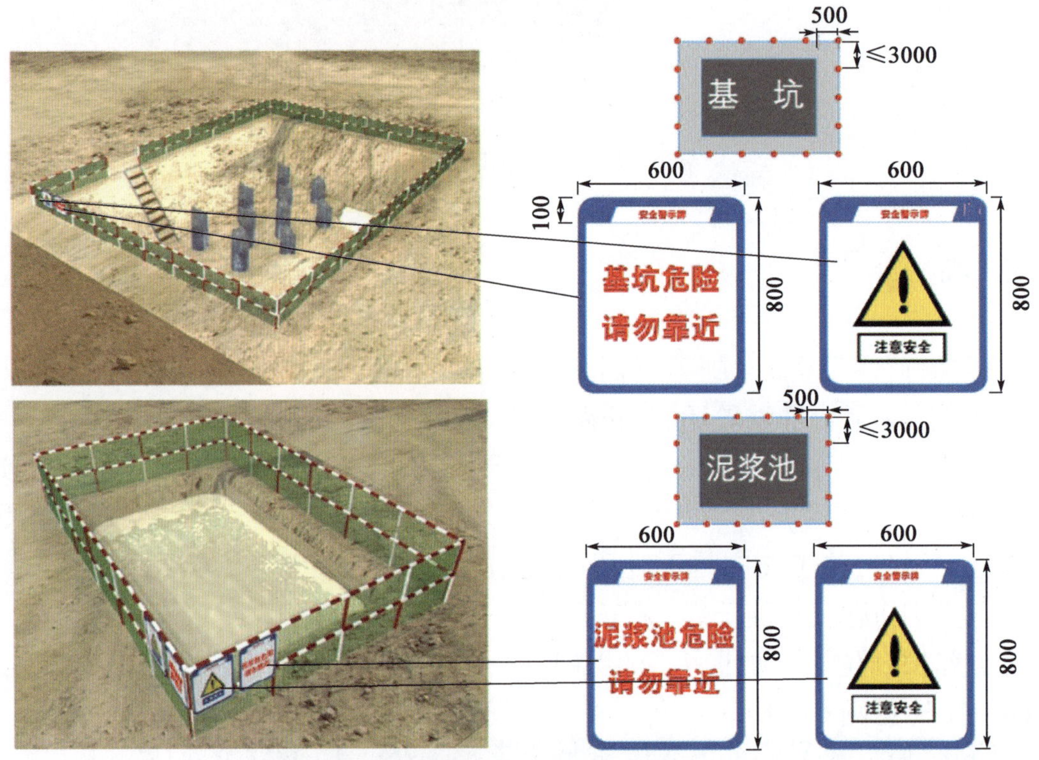


图6-4-1　挖孔桩防护网(尺寸单位:mm)

(3)基桩成孔至灌注混凝土前要用钢管围栏防护(图6-4-1)，进出基坑要设扶梯；挖孔桩应设置钢筋防护网，网格间距不得大于20cm(图6-4-2)。

图6-4-2　挖孔桩防护网

(4)跨通车道路施工时,通车道路两侧用钢管隔离围护,上部施工应加设渔网、无纺布双层防坠网,并采取必要的提醒、限速、限高措施。

(5)除永久性公示要求外,不得在桥梁等永久结构任何部位喷涂施工企业名称。

(6)桩基础施工现场明显位置设置工程公示牌,注明孔号、孔径、孔深等(图6-4-3)。

## 6.5 其他工程

(1)房建工程应严格执行住房和城乡建设部相关规定。

(2)机电工程应在安装现场设置工程公示牌,注明主要设备型号、生产厂家(格式参考图6-4-3),并设置安装工艺流程图。

(3)通行的道路施工交通工程时,应在现场设置符合相关规定的交通指向标志。波形护栏施工现场应设置交通工程公示牌,注明相关构件规格、尺寸、壁厚等主要技术指标(格式参考图6-5-1)。

图6-5-1 施工现场公示牌(尺寸单位:mm)

# 附录

**附表 1-1**

## 项目部驻地建设方案审批备案表

__________工程__________标段　　　　　　　　　　　　　　　　编号：

<table>
<tr><td colspan="2">驻地设置详细位置</td><td colspan="3"></td></tr>
<tr><td colspan="2">距离项目起(终)点长度</td><td></td><td>是(否)满足要求</td><td></td></tr>
<tr><td colspan="5">建设面积($m^2$)</td></tr>
<tr><td>项目</td><td>总面积</td><td>人均面积</td><td>承包人意见</td><td>监理人意见</td></tr>
<tr><td>总面积</td><td></td><td></td><td></td><td></td></tr>
<tr><td>办公区</td><td></td><td></td><td></td><td></td></tr>
<tr><td>生活区</td><td></td><td></td><td></td><td></td></tr>
<tr><td>会议室</td><td></td><td></td><td></td><td></td></tr>
<tr><td>档案室</td><td></td><td></td><td></td><td></td></tr>
<tr><td>其他</td><td></td><td></td><td></td><td></td></tr>
<tr><td colspan="5">承包人设置理由：<br><br>批准时间：　　　　　　　　　　项目经理(签字、盖章)：</td></tr>
<tr><td colspan="5">监理人审核意见：<br><br>批准时间：　　　　　　　　　　总监或驻地(签字、盖章)：</td></tr>
<tr><td colspan="5">发包人审核备案：<br><br>备案时间：　　　　　　　　　　签收人(签字、盖章)：</td></tr>
</table>

注：1. 本表一式六份。其中，承包人、监理人、发包人各两份。

2. 附驻地设置位置图、驻地规划平面图。

## 附表 1-2

### 监理处驻地建设方案审批备案表

__________工程__________标段　　　　　　　　　　　　　　　　　　编号：

<table>
<tr><td colspan="2">驻地设置详细位置</td><td colspan="3"></td></tr>
<tr><td colspan="2">距离项目起(终)点长度</td><td></td><td>是(否)满足要求</td><td></td></tr>
<tr><td colspan="5">建设面积($m^2$)</td></tr>
<tr><td>项目</td><td>总面积</td><td>人均面积</td><td>承包人意见</td><td>监理人意见</td></tr>
<tr><td>总面积</td><td></td><td></td><td></td><td></td></tr>
<tr><td>办公区</td><td></td><td></td><td></td><td></td></tr>
<tr><td>生活区</td><td></td><td></td><td></td><td></td></tr>
<tr><td>会议室</td><td></td><td></td><td></td><td></td></tr>
<tr><td>档案室</td><td></td><td></td><td></td><td></td></tr>
<tr><td>其　他</td><td></td><td></td><td></td><td></td></tr>
<tr><td colspan="5">监理人设置理由：<br><br><br>批准时间：　　　　　　　　　　　　　　　　　　总监或驻地(签字、盖章)：</td></tr>
<tr><td colspan="5">发包人审核备案：<br><br><br>备案时间：　　　　　　　　　　　　　　　　　　签收人(签字、盖章)：</td></tr>
</table>

注：1. 本表一式四份。其中，监理人、发包人各两份。

2. 附驻地设置位置图、驻地规划平面图。

**附表 2-1**

## 项目部驻地建设验收审批表

__________工程__________标段　　　　　　　　　　　　　　　　　　　　　　编号：

| 驻地设置详细位置 | | | | |
|---|---|---|---|---|
| 联系电话 | | | 传真 | |
| 电子邮箱 | | | 邮政编码 | |
| 距离项目起(终)点长度 | | | 租赁或自建 | |
| 建设面积($m^2$) | | | | |
| 项目 | 总面积 | 人均面积 | 承包人意见 | 监理人意见 |
| 总面积 | | | | |
| 办公区 | | | | |
| 生活区 | | | | |
| 会议室 | | | | |
| 标牌数量 | | | | |
| 位置 | 应有个数 | 实有个数 | 缺少内容说明 | |
| 室外 | | | | |
| 室内 | | | | |
| 监理人自查评价：<br><br>审查得分：<br>时间：　　　　总监或驻地(签字、盖章)： | | | | |
| 发包人验收评价：<br><br>验收得分：<br>时间：　　　　负责人(签字、盖章)： | | | | |

注：1. 本表一式六份。其中，承包人、监理人、发包人各两份。

2. 附自检、审查、验收三阶段评分表，主要节点照片。

## 附表 2-2

### 场站现场建设验收审批表

__________工程__________标段　　　　　　　　　　　　　　　　　编号：

<table>
<tr><td colspan="2">驻地设置详细位置</td><td colspan="3"></td></tr>
<tr><td colspan="2">联系电话</td><td></td><td>传真</td><td></td></tr>
<tr><td colspan="2">电子邮箱</td><td></td><td>邮政编码</td><td></td></tr>
<tr><td colspan="2">距离项目起(终)点长度</td><td></td><td>租赁或自建</td><td></td></tr>
<tr><td colspan="5">建设面积($m^2$)</td></tr>
<tr><td>项目</td><td>总面积</td><td>人均面积</td><td>承包人意见</td><td>监理人意见</td></tr>
<tr><td>总面积</td><td></td><td></td><td></td><td></td></tr>
<tr><td>作业区</td><td></td><td></td><td></td><td></td></tr>
<tr><td>硬化</td><td></td><td></td><td></td><td></td></tr>
<tr><td colspan="5">标牌数量</td></tr>
<tr><td>位置</td><td>应有个数</td><td>实有个数</td><td>缺少内容说明</td><td></td></tr>
<tr><td>室外</td><td></td><td></td><td></td><td></td></tr>
<tr><td>室内</td><td></td><td></td><td></td><td></td></tr>
<tr><td>现场</td><td></td><td></td><td></td><td></td></tr>
<tr><td colspan="5">监理人自查评价：<br><br><br>审查得分：<br>时间：　　　　　　　　　　　　　　　　总监或驻地(签字、盖章)：</td></tr>
<tr><td colspan="5">发包人验收评价：<br><br><br>验收得分：<br>时间：　　　　　　　　　　　　　　　　负责人(签字、盖章)：</td></tr>
</table>

注：1. 本表一式六份。其中，承包人、监理人、发包人各两份。

2. 附自检、审查、验收三阶段评分表，主要节点照片。

## 附表 2-3

### 监理处驻地建设验收审批表

＿＿＿＿＿工程＿＿＿＿＿标段　　　　　　　　　　　　　　　　编号：

| 驻地设置详细位置 | | | | |
|---|---|---|---|---|
| 联系电话 | | | 传真 | |
| 电子邮箱 | | | 邮政编码 | |
| 距离项目起(终)点长度 | | | 租赁或自建 | |
| 建设面积($m^2$) | | | | |
| 项目 | 总面积 | 人均面积 | 承包人意见 | 监理人意见 |
| 总面积 | | | | |
| 办公区 | | | | |
| 生活区 | | | | |
| 会议室 | | | | |
| 标牌数量 | | | | |
| 位置 | 应有个数 | 实有个数 | 缺少内容说明 | |
| 室外 | | | | |
| 室内 | | | | |
| 监理人自查评价：<br><br>审查得分：<br>时间：　　　　总监或驻地(签字、盖章)： | | | | |
| 发包人验收评价：<br><br>验收得分：<br>时间：　　　　负责人(签字、盖章)： | | | | |

注:1. 本表一式四份。其中,监理人、发包人各两份。

2. 附自查、验收三阶段评分表,主要节点照片。

**附件 4-1-1**

## 工地试验室设置申请单

工程名称：　　　　　　　　　　　　　　合同段：

| 工地试验室名称： |
| --- |
| 工程建设规模： |
| 拟申请设置工地试验室方式： |
| 地理位置： |
| 母体检测机构意见： |
| 建设单位审核意见： |

**附件 4-1-2**

# 山东省公路水运工程工地试验室设立授权书

编号：

因__________________工程建设的需要，决定设立__________________工地试验室，授权启用试验室公章：授权__________________同志为试验室负责人（检测工程师证书编号：__________________），负责工地试验室的管理工作。

授权开展的试验检测项目及参数为：____________________________________________________________________________________________________。

授权有效期：______年____月____日至__________。

授权机构等级专用标识章：

检测机构：　　　　　　（章）

授权人单位负责人签字：

年　　月　　日

**附件 4-1-3**

## 山东省公路水运工程工地试验室人员变更备案表

<table>
<tr><td>母体检测机构名称</td><td></td><td>登记证书编号</td><td></td><td>发证时间</td><td></td></tr>
<tr><td>机构地址</td><td></td><td>机构性质</td><td></td><td>联系电话</td><td></td></tr>
<tr><td>法人代表</td><td></td><td>发证机构</td><td colspan="3"></td></tr>
<tr><td>工地试验室名称</td><td colspan="2"></td><td>工地试验室授权负责人及联系电话</td><td colspan="2"></td></tr>
</table>

<table>
<tr><td colspan="8">变更人员前后基本情况</td></tr>
<tr><td>序号</td><td colspan="2">姓名</td><td>职称</td><td>拟任职务</td><td>从事检测工作年限</td><td>持证编号</td><td>从事专业</td></tr>
<tr><td rowspan="2">1</td><td>变更前</td><td></td><td></td><td></td><td></td><td></td><td></td></tr>
<tr><td>变更后</td><td></td><td></td><td></td><td></td><td></td><td></td></tr>
<tr><td rowspan="2">2</td><td>变更前</td><td></td><td></td><td></td><td></td><td></td><td></td></tr>
<tr><td>变更后</td><td></td><td></td><td></td><td></td><td></td><td></td></tr>
<tr><td rowspan="2">3</td><td>变更前</td><td></td><td></td><td></td><td></td><td></td><td></td></tr>
<tr><td>变更后</td><td></td><td></td><td></td><td></td><td></td><td></td></tr>
<tr><td colspan="8">变更原因：</td></tr>
<tr><td colspan="8">母体检测机构意见：<br><br>（公章）<br>负责人签字：　　年　　月　　日</td></tr>
<tr><td colspan="8">建设单位审核意见：<br><br>（公章）<br>负责人签字：　　年　　月　　日</td></tr>
<tr><td colspan="8">项目质监机构意见：<br><br>（公章）<br>负责人签字：　　年　　月　　日</td></tr>
</table>

注：1. 须提供母体检测机构书面申请报告和建设单位批准的相关文件。

2. 须提供变更人员的相关材料（简历、职称、学历、检测工程师证、隶属关系证明等）。

**附件 4-1-4**

# 山东省公路水运工程工地试验室
# 备案登记表

工地试验室:____________(章)

备案日期:　　年　　月　　日

## 山东省交通厅基本建设工程质量监督站制

## 填表须知

一、本表统一采用 A4 尺寸纸张,内容必须打印,检测机构对填表内容的真实、可靠性负责。

二、本表可复印,填写的内容受表格限制时,可按本表格格式增加附页,但须连同正页编第　页,共　页。

三、“所属法人机构”指的是工地试验室母体检测机构,若母体检测机构不是独立法人,则填写其所属的法人机构。

# 一、工地试验室综合情况

<table>
<tr><td rowspan="3">项目情况</td><td>工地试验室名称</td><td></td><td colspan="2">工程投资</td><td colspan="2"></td></tr>
<tr><td>项目业主单位</td><td></td><td>联系人</td><td></td><td>电话</td><td></td></tr>
<tr><td>工地试验室设立单位</td><td></td><td>联系人</td><td></td><td>电话</td><td></td></tr>
<tr><td rowspan="6">母体检测机构情况</td><td rowspan="2">母体检测机构及法人机构名称</td><td rowspan="2"></td><td colspan="2">等级及编号</td><td colspan="2"></td></tr>
<tr><td colspan="2">计量认证编号</td><td colspan="2"></td></tr>
<tr><td>法人代表</td><td></td><td colspan="2">联系方式</td><td colspan="2"></td></tr>
<tr><td>行政负责人</td><td></td><td colspan="2">联系方式</td><td colspan="2"></td></tr>
<tr><td>技术负责人</td><td></td><td colspan="2">联系方式</td><td colspan="2"></td></tr>
<tr><td>质量负责人</td><td></td><td colspan="2">联系方式</td><td colspan="2"></td></tr>
<tr><td rowspan="6">工地试验室情况</td><td rowspan="4">工地试验室详细地址</td><td rowspan="4"></td><td colspan="2">电话</td><td colspan="2"></td></tr>
<tr><td colspan="2">传真</td><td colspan="2"></td></tr>
<tr><td colspan="2">邮编</td><td colspan="2"></td></tr>
<tr><td colspan="2">E-mail</td><td colspan="2"></td></tr>
<tr><td>持试验检测人员证书总人数</td><td></td><td colspan="2">持试验检测工程师证书人数</td><td colspan="2"></td></tr>
<tr><td>相关专业高级职称人数</td><td></td><td colspan="2">试验检测用房总面积($m^2$)</td><td colspan="2"></td></tr>
<tr><td>工地试验室授权业务范围</td><td colspan="6"></td></tr>
</table>

## 二、工地试验室试验检测业务范围表

第　页　共　页

| 序号 | 试验检测项目及参数 | 采用的试验检测方法和标准(名称/编号) | 所用主要仪器设备名称 | 设备编号 | 主要操作人员 | 备注 |
|---|---|---|---|---|---|---|
| | | | | | | |
| | | | | | | |
| | | | | | | |
| | | | | | | |
| | | | | | | |
| | | | | | | |
| | | | | | | |
| | | | | | | |
| | | | | | | |
| | | | | | | |
| | | | | | | |

注:按照委托合同约定及检测机构授权范围填写。

## 三、工地试验室授权负责人简历

| 姓名 | | 性别 | | 出生日期 | | 照片 |
|---|---|---|---|---|---|---|
| 学历 | | 职称 | | 从事试验检测工作年限 | | |
| 试验检测师证书编号 | | | | | | |
| 工作单位及职务 | | | | | | |
| 本人主要试验检测工作经历和业绩 | 本人签名： | | | | | |

## 四、工地试验室在岗人员一览表

| 序号 | 姓名 | 性别 | 出生年月 | 学历和专业 | 职称 | 检测人员证书编号 | 从事试验检测年限 |
|---|---|---|---|---|---|---|---|
| | | | | | | | |
| | | | | | | | |
| | | | | | | | |
| | | | | | | | |
| | | | | | | | |
| | | | | | | | |
| | | | | | | | |
| | | | | | | | |
| | | | | | | | |
| | | | | | | | |
| | | | | | | | |
| | | | | | | | |

## 五、工地试验室试验检测仪器设备一览表

| 设备编号 | 设备名称 | 型号规格 | 生产厂家 | 购置日期 | 单价(元) | 量程或规格 | 准确度 | 检定/校准周期 | 检定/校准单位 | 最近检定/校准日期 | 保管人 | 备注 |
|---|---|---|---|---|---|---|---|---|---|---|---|---|
| | | | | | | | | | | | | |
| | | | | | | | | | | | | |
| | | | | | | | | | | | | |
| | | | | | | | | | | | | |
| | | | | | | | | | | | | |
| | | | | | | | | | | | | |
| | | | | | | | | | | | | |
| | | | | | | | | | | | | |
| | | | | | | | | | | | | |
| | | | | | | | | | | | | |
| | | | | | | | | | | | | |
| | | | | | | | | | | | | |

## 六、相 关 资 料

1. 工地试验室设立授权书。
2. 工地试验室在岗人员学历、职称、检测证书复印件。
3. 工地试验室授权负责人的聘用证明。
4. 如委托第三方检测机构组建工地试验室的,应提供委托合同书复印件。
5. 母体检测机构等级证书及计量证书(如有)复印件。

## 七、备案审核意见

| | |
|---|---|
| 母体检测机构意见 | （公章）<br>年　　月　　日 |
| 项目建设单位意见 | （公章）<br>年　　月　　日 |
| 备案审核质监机构意见 | （公章）<br>年　　月　　日 |
| 备注 | |

**附件 4-1-5**

## 工地试验室现场核查验收表

工程建设项目名称：　　　　　　　　　　　　　　　　　　合同段：

被考核工地试验室名称：　　　　　　　　　　　　　　　　考核日期：

| 序号 | 核 查 项 目 | | 规定分值 | 评 分 标 准 | 考核存在问题 | 得分 |
|---|---|---|---|---|---|---|
| 1 | 组织机构设置 | | 5 分 | 1. 成立工地试验室的母体检测机构，应具有相应的公路水运试验检测机构等级证书。如委托其他试验检测机构设立工地试验室，接受委托的试验检测机构应具有公路水运工程乙级(含乙级)或者相应专项能力等级，且通过计量认证，不符合视为不合格。<br>2. 有成立试验室组织机构的批文，无扣 2 分。<br>3. 建立健全各项管理制度，组织机构框图、检测人员岗位职责、各项管理制度及检测流程图上墙，缺一项扣 1 分 | | |
| 2 | 人员配备 | 授权负责人 | 8 分 | 1. 按照合同要求到位，不符合要求扣 8 分。<br>2. 应有母体授权书，无扣 2 分。<br>3. 具有检测工程师资格，无扣 4 分。<br>4. 应为母体试验室正式聘用人员，且在部管理系统注册，未注册扣 1 分 | | |
| | | 检测员 | 6 分 | 1. 按照合同要求到位，不符合要求每人扣 1 分。<br>2. 具有检测工程师或检测员资格，不符合要求每人扣 1 分。<br>3. 应为母体试验室正式聘用人员，且在部管理系统注册，未注册扣 1 分 | | |
| | | 配置数量 | 4 分 | 检测人员数量应满足最低配置要求，每少 1 人扣 1 分 | | |
| | | 人员档案 | 2 分 | 人员台账、资格证书、职称、隶属关系证明齐全，不符合扣 1 ~ 2 分 | | |
| 3 | 仪器设备配备 | | 10 分 | 按合同约定到位且满足现场工作需要，每缺 1 台(套)扣 1 分 | | |
| 4 | 环境条件 | | 10 分 | 1. 试验室布局合理；仪器设备摆放合理整齐；环境整洁干净；不符合要求每项扣 2 分。<br>2. 仪器设备安装、环境条件满足检测要求；安全防护措施完善；不符合要求每处扣 1 分。<br>3. 对温湿度有要求的水泥室和标准养生室应安装恒温、恒湿设备，缺失或失效每处扣 1 分 | | |

续上表

| 序号 | 核查项目 | | 规定分值 | 评分标准 | 考核存在问题 | 得分 |
|---|---|---|---|---|---|---|
| 5 | 管理情况 | 管理体系运行情况 | 10分 | 1. 有母体受控的管理手册和程序文件，无扣2分。<br>2. 母体对工地试验室检查验收相关文件、记录齐全完整，整改闭合，不符合要求扣4分。<br>3. 工地试验室按母体管理体系要求，对设备安装、环境检查验收，相关记录齐全完整，整改闭合，不符合要求扣4分。<br>4. 人员了解运行管理要求并按要求落实，不符合要求扣2分 | | |
| | | 标准配备情况 | 5分 | 1. 与本项目试验检测工作有关的标准规范规程收集齐全且受控，不齐全扣1分，未受控扣1分。<br>2. 采用无效的标准、规范及规程的，每项扣2分。<br>3. 建立标准文件受控及借阅记录清单，无扣1分 | | |
| | | 仪器设备管理情况 | 10分 | 1. 有专人管理仪器设备，未明确的扣1分。<br>2. 有仪器设备台账和设备管理档案，设备档案内容不全或不及时的扣1分，无扣2分。<br>3. 制订仪器设备检定、校准、自校计划并按时执行，不符合要求的扣1分。<br>4. 自校的仪器设备应按《山东省公路水运规程试验检测仪器校验方法》进行自校，自校记录和报告齐全完整，不符合的每台(套)扣1分。<br>5. 仪器设备各种标识齐全规范，不符合要求，每台(套)扣1分。<br>6. 仪器设备期间核查制订计划并按期进行，无计划未实施扣2分，有计划未实施扣1分。<br>7. 主要仪器操作规程上墙；不符合要求，每台(套)扣1分。<br>8. 仪器设备使用及维修保养记录填写及时完整，不符合要求每台(套)扣1分 | | |
| | | 样品管理 | 5分 | 1. 样品应有标识且清晰，不符合要求每处扣1分。<br>2. 留样样品保管规范，有留样记录、不符合要求扣1分。<br>3. 有毒、有害及易燃品应安全隔离存放，明显标记且应有领用记录，不符合要求扣2分 | | |
| | | 试验台账、记录及报告 | 20分 | 1. 有分类清晰的各项试验检测统计台账，且相关信息详细完整，不符合要求扣1~2分。<br>2. 记录、报告格式规范一致；相关信息完整；更改规范；结论表述正确；签字齐全；依据标准正确。不符合要求每项扣1分。<br>3. 超母体授权检测项目或参数，每发现一处扣5分。<br>4. 试验检测台账、仪器设备使用记录、试验检测原始记录、试验检测报告应相互对应；如出现不对应情况，视为弄虚作假、捏造数据，伪造试验检测报告，扣15分 | | |

续上表

<table>
<tr><th>序号</th><th colspan="2">核 查 项 目</th><th>规定分值</th><th>评 分 标 准</th><th>考核存在问题</th><th>得分</th></tr>
<tr><td>5</td><td>管理情况</td><td>档案管理</td><td>5 分</td><td>1. 分类清晰、目录编写完整,具有可追溯性,不符合要求每处扣 1 ~2 分。<br>2. 管理规范、查询方便,不符合要求扣 1 分</td><td></td><td></td></tr>
<tr><td>6</td><td colspan="2">合计</td><td>100 分</td><td>考核得分</td><td></td><td></td></tr>
<tr><td>7</td><td colspan="2">备注</td><td colspan="2">1. 评分时,对任一考核项目的扣分不超过该项目规定分值。<br>2. 考核评分≥85 分,合格,责令工地试验室对存在的问题限期整改;考核评分 < 85 分,不合格,暂停工地试验室的试验检测活动,工地试验室对存在的问题整改后由质监站重新进行考核</td><td></td><td></td></tr>
<tr><td colspan="4">* 现场核查人签字:</td><td colspan="3">建设单位项目办负责人签名:</td></tr>
<tr><td colspan="4">* 总监办负责人签字:</td><td colspan="3">工地试验室负责人签名:</td></tr>
</table>

注:母体试验室检查时,标注 * 的部分,依次变更为:现场核查人签字、工地试验室负责人签名、工地试验室(签章)、母体试验室(签章)。

**附件 4-1-6**

## 母体授权范围外的检测项目和参数委托申请单

工程名称：　　　　　　　　　　　　　　　合同段：

母体试验室：

<table>
<tr><td>拟委托检测机构</td><td colspan="2">拟委托检测机构资质</td></tr>
<tr><td></td><td colspan="2"></td></tr>
<tr><td>检测项目及参数</td><td>试验检测次数</td><td>计划实施时间</td></tr>
<tr><td></td><td></td><td></td></tr>
<tr><td></td><td></td><td></td></tr>
<tr><td></td><td></td><td></td></tr>
<tr><td></td><td></td><td></td></tr>
<tr><td></td><td></td><td></td></tr>
<tr><td colspan="3">上述检测项目及参数已超出母体试验室等级证书核定业务范围(或工地试验室授权范围),拟委托________进行试验检测。<br><br>项目经理:(盖章)<br><br>年　　月　　日</td></tr>
<tr><td colspan="3">建设单位现场管理机构意见:<br><br>签字:(盖章)<br><br>年　　月　　日</td></tr>
</table>

**附件 4-4-1**

## 钢筋力学性能(拉伸)试验加荷速率一览表

| 规格型号 | 钢筋直径(mm) | 钢筋横截面积($mm^2$) | 材料弹性模量 $E$($N/mm^2$)<150 000 应力速率($N/mm^2 \cdot s^{-1}$) | | 加荷速率(kN/s) | | | 材料弹性模量 $E$($N/mm^2$)≥150 000 应力速率($N/mm^2 \cdot s^{-1}$) | | 加荷速率(kN/s) | | | 引用规范代号 |
|---|---|---|---|---|---|---|---|---|---|---|---|---|---|
| | | | 最小 2 | 最大 20 | 最小 | 最大 | 平均值 | 最小 6 | 最大 60 | 最小 | 最大 | 平均值 | |
| | 6 | 28.27 | 57 | 565 | 0.06 | 0.57 | 0.31 | 170 | 1696 | 0.17 | 1.70 | 0.93 | 《金属材料　室温拉伸 第1部分　室温试验方法》(GB/T 228—2002) |
| | 8 | 50.27 | 101 | 1005 | 0.10 | 1.01 | 0.55 | 302 | 3016 | 0.30 | 3.02 | 1.66 | |
| | 10 | 78.54 | 157 | 1571 | 0.16 | 1.57 | 0.86 | 471 | 4712 | 0.47 | 4.71 | 2.59 | |
| | 12 | 113.1 | 226 | 2262 | 0.23 | 2.26 | 1.24 | 679 | 6786 | 0.68 | 6.79 | 3.73 | |
| | 14 | 153.9 | 308 | 3079 | 0.31 | 3.08 | 1.69 | 924 | 9236 | 0.92 | 9.24 | 5.08 | |
| | 16 | 201.1 | 402 | 4021 | 0.40 | 4.02 | 2.21 | 1206 | 12064 | 1.21 | 12.06 | 6.64 | |
| | 18 | 254.5 | 509 | 5089 | 0.51 | 5.09 | 2.80 | 1527 | 15268 | 1.53 | 15.27 | 8.40 | |
| | 20 | 314.2 | 628 | 6283 | 0.63 | 6.28 | 3.46 | 1885 | 18850 | 1.88 | 18.85 | 10.37 | |
| | 22 | 380.1 | 760 | 7603 | 0.76 | 7.60 | 4.18 | 2281 | 22808 | 2.28 | 22.81 | 12.54 | |
| | 25 | 490.9 | 982 | 9817 | 0.98 | 9.82 | 5.40 | 2945 | 29452 | 2.95 | 29.45 | 16.20 | |
| | 28 | 615.8 | 1232 | 12315 | 1.23 | 12.32 | 6.77 | 3695 | 36945 | 3.69 | 36.95 | 20.32 | |
| | 32 | 804.2 | 1608 | 16085 | 1.61 | 16.08 | 8.85 | 4825 | 48255 | 4.83 | 48.25 | 26.54 | |

**附件 4-4-2**

## 水泥混凝土(砂浆)试件强度试验加荷速率一览表

### YE-2000C 压力试验机

| 标准依据 | JTG E30—2005 规范要求 |
|---|---|
| 强度等级小于 C30 的混凝土加荷速率 | |
| 0.3～0.5MPa/s | 6.75～11.25kN/s |
| 强度等级大于 C30 小于 C60 的混凝土加荷速率 | |
| 0.5～0.8MPa/s | 11.25～18.0kN/s |

### TSY-300 电液式抗折抗压试验机

| 胶砂抗压强度标准依据 | JTG E30—2005 规范要求 |
|---|---|
| 加荷速率 | 2.2～2.6kN/s |
| 砂浆立方体试件抗压强度标准依据 | JGJ/T 70—2009 行业标准 |
| 加荷速率 | 0.5～1.25kN/s |

**附件 4-4-3**

## 水泥混凝土（砂浆）试件养生入、出库记录台账

工程名称：　　　　　　　　　　　　　　　　　　合同段：

| 序号 | 制件日期 | 入室日期 | 拟试验日期 | 试验日期 | 结构物名称 | 部位 | 强度等级 | 试件组数 | 记录人 | 存放位置 | 备注 |
|---|---|---|---|---|---|---|---|---|---|---|---|
| | | | | | | | | | | | |
| | | | | | | | | | | | |
| | | | | | | | | | | | |
| | | | | | | | | | | | |
| | | | | | | | | | | | |
| | | | | | | | | | | | |
| | | | | | | | | | | | |
| | | | | | | | | | | | |
| | | | | | | | | | | | |
| | | | | | | | | | | | |
| | | | | | | | | | | | |
| | | | | | | | | | | | |
| | | | | | | | | | | | |

**附件 4-4-4**

## 标准养护室温湿度记录表

工程名称：　　　　　　　　　　　　　　　　合同段：

| 日 | 实测 | | 备注 | 检查人 | 日 | 实测 | | 备注 | 检查人 |
|---|---|---|---|---|---|---|---|---|---|
| | 温度 | 湿度 | | | | 温度 | 湿度 | | |
| 1 | | | | | 17 | | | | |
| 2 | | | | | 18 | | | | |
| 3 | | | | | 19 | | | | |
| 4 | | | | | 20 | | | | |
| 5 | | | | | 21 | | | | |
| 6 | | | | | 22 | | | | |
| 7 | | | | | 23 | | | | |
| 8 | | | | | 24 | | | | |
| 9 | | | | | 25 | | | | |
| 10 | | | | | 26 | | | | |
| 11 | | | | | 27 | | | | |
| 12 | | | | | 28 | | | | |
| 13 | | | | | 29 | | | | |
| 14 | | | | | 30 | | | | |
| 15 | | | | | 31 | | | | |
| 16 | | | | | | | | | |

注：要求每天记录两次，一般上午和下午各记一次。

**附件 4-5-1**

**人员培训记录一览表**

工程名称：　　　　　　　　　　　　　　合同段：

<table>
<tr><td>培训日期</td><td colspan="2"></td><td>授课人</td><td></td></tr>
<tr><td>组织部门</td><td colspan="2"></td><td>起始时间</td><td></td></tr>
<tr><td rowspan="2">应培训者</td><td colspan="4"></td></tr>
<tr><td colspan="4"></td></tr>
<tr><td>培训课目</td><td colspan="4"></td></tr>
<tr><td colspan="5">培训内容</td></tr>
<tr><td colspan="5">1.<br>2.<br>3.<br>4.<br>5.</td></tr>
<tr><td colspan="5">培训人员签到</td></tr>
<tr><td></td><td></td><td></td><td></td><td></td></tr>
<tr><td></td><td></td><td></td><td></td><td></td></tr>
<tr><td></td><td></td><td></td><td></td><td></td></tr>
<tr><td></td><td></td><td></td><td></td><td></td></tr>
</table>

**附件 4-5-2**

## 常用试验检测仪器设备及其技术指标一览表

| 检测项目 | 主要仪器设备<br>名称/型号/规格 | 技术指标 | |
|---|---|---|---|
| | | 测量范围 | 准确度等级/<br>不确定度 |
| 土 | 标准筛/$\phi$300 | 0.074～60mm | — |
| | 电动振筛机/8411 | — | — |
| | 电子天平/TC-6K | 6000g | 0.1g |
| | 烘箱/101-4 | 0～300℃ | ±1℃ |
| | 光电液塑限测定仪/LP-100D | 22mm | 0.1mm |
| | 自动击实仪/BKJ-Ⅲ | — | — |
| | 路面材料强度仪/LD127-Ⅱ | 100kN | 0.5kN |
| | CBR 试验装置 | 3t | — |
| | 分析天平/FA2004 | 200g | 0.0001g |
| 集料 | 标准筛/$\phi$300 | 0.074～60mm | — |
| | 电动振筛机/8411 | — | — |
| | 压碎值测定仪 | — | — |
| | 压力机/TYA-2000 | 2000kN | 1% |
| | 洛杉矶磨耗机/MH-Ⅱ | — | — |
| | 针片状规准仪 | — | — |
| | 游标卡尺/0-150 | 300mm | 0.02mm |
| | 烘箱/101-4 | 300℃ | — |
| | 电子天平/TC-6K | 6000g | 0.1g |
| | 砂当量试验装置/SD-Ⅱ | — | — |
| 岩石 | 压力机/NYL-2000D | — | — |
| | 游标卡尺/0-150 | 300mm | 0.02mm |
| | 低温恒温水槽/DC-0515 | — | — |
| | 电子天平/ACS-30JS | — | — |
| | 数显恒温股份干燥箱/101-4 | — | — |
| 水泥 | 电子天平/JY20002 | 2000g | 0.01g |
| | 水泥净浆搅拌机/NJ-160 | — | — |
| | 水泥标准稠度仪/ISO | 1mm | 70mm |
| | 雷氏夹/LD-50 | ±25mm | 0.5mm |
| | 煮沸箱/FZ-31A | 100℃ | — |
| | 水泥胶砂搅拌机/JJ-5 | — | — |
| | 水泥胶砂振实台/ZS-95 | — | — |
| | 恒温恒湿养护箱/YH-40A | — | — |

续上表

| 检测项目 | 主要仪器设备<br>名称/型号/规格 | 技术指标 | |
|---|---|---|---|
| | | 测量范围 | 准确度等级/<br>不确定度 |
| 水泥 | 电动抗折试验机/DKZ-5000 | 5000N | 1% |
| | 压力机/NYL-300A | 300kN | 1% |
| | 负压筛析仪/FSY-150 | -6000MPa | — |
| | 电动透气比表面积仪/FBT-5 | — | — |
| | 水泥混凝土标准振实台/HCTZ-1 | — | — |
| 水泥混凝土、砂浆 | 水泥混凝土搅拌机/HJW-60 | — | — |
| | 水泥混凝土标准振实台/HCTZ-1 | — | — |
| | 抗折试验夹具/40×40 | — | — |
| | 坍落度筒 | — | — |
| | 压力机/NYL-300A | 300kN | 1% |
| | 混凝土贯入阻力仪/HG-80 | 1200kN | 1kN |
| | 混凝土含气量测定仪/HK-1 | — | — |
| | 水泥砂浆搅拌机/VJZ-15 | 15L | — |
| | 水泥砂浆稠度仪/SC-145 | 0~14.5cm | 1mm |
| 水、外加剂 | 分析天平/FA2004 | 200g | 0.0001g |
| | 烘箱/101-4 | 300℃ | 1℃ |
| | 压力机/NYL-300A | 300kN | 1kN |
| | 混凝土贯入阻力仪/HG-80 | 1200kN | 1kN |
| | 含气量测定仪/HK-1 | 1%~10% | ±0.1% |
| 无机结合料稳定材料 | 下置式万能试验机/WE-1000B | 2000kN | 1% |
| | 自动击实仪/SD-Ⅲ | — | — |
| | 分析天平/FA2004 | 200g | 0.0001g |
| | 养护室自动控制仪/SKY-Ⅱ | — | — |
| | 路面材料强度试验仪/LD127-Ⅲ | 100kN | 0.5kN |
| | 电子天平/TC-6K | 15000g | 1g |
| | 烘箱/HWX-L | 300℃ | 1℃ |
| | 负压筛析仪/FYS-150A | -6000MPa | — |
| 沥青 | 下置式万能试验机/WE-1000B | 2000kN | 1% |
| | 自动击实仪/SD-Ⅲ | — | — |
| | 分析天平/FA2004 | 200g | 0.0001g |
| | 养护室自动控制仪/SKY-Ⅱ | — | — |
| | 路面材料强度试验仪/LD127-Ⅲ | 100kN | 0.5kN |
| | 电子天平/TC-6K | 15000g | 1g |

续上表

| 检测项目 | 主要仪器设备<br>名称/型号/规格 | 技术指标 | |
|---|---|---|---|
| | | 测量范围 | 准确度等级/<br>不确定度 |
| 沥青 | 烘箱/HWX-L | 300℃ | 1℃ |
| | 负压筛析仪/FYS-150A | -6000MPa | — |
| | 针入度仪/DF-4 | 50mm | 0.1mm |
| | 低温延度仪/SY-2B | 100mm | 1mm |
| | 软化点仪/DF-10 | — | — |
| | 闪点仪/SYD-3636 | — | — |
| | 沥青含蜡量测定仪/WSY-10 | — | — |
| | 沥青旋转薄膜烘箱/85 | — | — |
| | 强制通风烘箱/DHGL-100 | 300℃ | — |
| | 电子天平/ACS-30JS | — | — |
| | 标准筛/$\phi$300 | 0.074~60mm | — |
| | 轮碾成型机/HYCX-2 | — | — |
| 沥青混合料 | 沥青混合料拌和机/YDLB-B | 10L | — |
| | 马歇尔自动击实仪/MDJ-Ⅱ | — | — |
| | 强制通风烘箱/DHGL-100 | 300℃ | — |
| | 马歇尔稳定度仪/DMW-Ⅴ | 30kN | 1% |
| | 数显恒温水浴/CF-B | 60℃ | 1℃ |
| | 自动沥青抽屉仪/SLD-D | — | — |
| | 车辙试验机/HYCZ-1 | — | — |
| | 电子天平/ACS-30JS | — | — |
| | 最大理论密度测定仪/YDLM-B | — | — |
| | 路面材料强度试验仪/LD127-Ⅲ | 100kN | 0.5kN |
| 钢筋(含接头) | 万能材料试验机 WE-1000B | 1000kN | 1kN |
| | 游标卡尺 | — | — |
| 路基路面 | 弯沉测试设备/5.4M | | |
| | 八轮平整度仪/LXBP-3A | | |
| | 摩擦系数测试设备/BM | | |
| | 路面渗水仪/HDSS-Ⅱ | | |
| | 路面构造深度测试仪 | | |
| | 灌砂筒/$\phi$100 | | |
| | 钢尺 | | |
| 地基基桩基础 | 静动力触探仪/CLD-Ⅲ | 30kN | ±0.3kN |
| | 水准仪/DSZ3-32 | — | — |

续上表

| 检 测 项 目 | 主要仪器设备<br>名称/型号/规格 | 技 术 指 标 | |
|---|---|---|---|
| | | 测量范围 | 准确度等级/<br>不确定度 |
| 地基基桩基础 | 压力机/NYL-300A | 300kN | 1kN |
| 结构混凝土 | 回弹仪/ZC3-A | — | — |
| | 压力机/WE-1000B | 1000kN | 1% |
| | 钢筋位置及保护层测定仪/JRGW-3A | — | — |
| | 裂缝测量装置/ZB-F101 | 0.02 ~ 2.0mm | 0.01mm |

**附件 4-5-3**

## 仪器设备进场验收记录表

工程名称：　　　　　　　　　　　　　　　　合同段：

<table>
<tr><td>设备名称</td><td></td><td>型号</td><td></td></tr>
<tr><td>生产厂家</td><td></td><td>出厂日期</td><td></td></tr>
<tr><td>随机附零件名称及数量</td><td colspan="3">检验人：<br>年　　月　　日</td></tr>
<tr><td>调试</td><td colspan="3">调试人：<br>年　　月　　日</td></tr>
<tr><td>备注</td><td colspan="3"></td></tr>
</table>

记录人：　　　　　　　　　　　　　　　　授权负责人：

**附件 4-5-4**

## 仪器设备信息表

工程名称：　　　　　　　　　　　　　　　　　合同段：

<table>
<tr><td>仪器名称</td><td></td><td rowspan="10">仪器照片</td></tr>
<tr><td>制造厂</td><td></td></tr>
<tr><td>规格型号</td><td></td></tr>
<tr><td>出厂编号</td><td></td></tr>
<tr><td>精度</td><td></td></tr>
<tr><td>量程</td><td></td></tr>
<tr><td>购置日期</td><td></td></tr>
<tr><td>购置单位</td><td></td></tr>
<tr><td>购置人</td><td></td></tr>
<tr><td>检定周期</td><td></td></tr>
<tr><td>调配情况</td><td colspan="2"></td></tr>
<tr><td>备注</td><td colspan="2"></td></tr>
</table>

**附件 4-5-5**

**__________检定(校验)记录表**

工程名称：　　　　　　　　　　　　　　　　合同段：

记录人：　　　　　　　　　　　　　　　　　授权负责人：

| 检定(校验)日期 | 检定(校验)单位 | 下次检定(校验)日期 | 备　　注 |
|---|---|---|---|
| | | | |
| | | | |
| | | | |
| | | | |
| | | | |
| | | | |
| | | | |
| | | | |

**附件 4-5-6**

**__________使用记录表**

工程名称：　　　　　　　　　　　　　　　　合同段：

| 月 | 日 | 起止时间<br>时：分<br>至<br>时：分 | 技术状态 | 量程 | 工作项目 | 工作内容 | 备注 | 操作者签字 |
|---|---|---|---|---|---|---|---|---|
| | | 至 | | | | | | |
| | | 至 | | | | | | |
| | | 至 | | | | | | |
| | | 至 | | | | | | |

记录人：　　　　　　　　　　　　　　　　　授权负责人：

**附件 4-5-7**

## ______维护/保养/维修记录表

工程名称：　　　　　　　　　　　　合同段：

| 设备名称 | 设备编号 | 维护/保养/维修项目 | 维护/保养/维修日期 | 维护/保养/维修周期 | 维护/保养/维修情况 | 仪器管理员 | 备注 |
|---|---|---|---|---|---|---|---|
| | | | | | | | |
| | | | | | | | |
| | | | | | | | |
| | | | | | | | |
| | | | | | | | |
| | | | | | | | |
| | | | | | | | |
| | | | | | | | |
| | | | | | | | |
| | | | | | | | |
| | | | | | | | |

记录人：

**附件 4-5-8**

## ______调试验收记录表

工程名称：　　　　　　　　　　　　　　　　合同段：

| 设备名称 | 设备编号 | 调试日期 | 校验(合格/不合格) | 校验人 |
|---|---|---|---|---|
| | | | | |
| | | | | |
| | | | | |
| | | | | |
| | | | | |
| | | | | |
| | | | | |
| | | | | |

记录人：　　　　　　　　　　　　　　　　　授权负责人：

**附件 4-5-9**

## 仪器设备管理台账

工程名称：　　　　　　　　　　　　　　　　合同段：

| 管理编号 | 仪器名称 | 生产厂家 | 规格型号 | 精度等级 | 出厂编号 | 购置日期 | 放置地点 | 检定单位 | 检定证书编号 | 检定日期 | 检定周期(月) | 下次检定日期 | 状态标识 | 备注 |
|---|---|---|---|---|---|---|---|---|---|---|---|---|---|---|
| | | | | | | | | | | | | | | |
| | | | | | | | | | | | | | | |
| | | | | | | | | | | | | | | |
| | | | | | | | | | | | | | | |
| | | | | | | | | | | | | | | |
| | | | | | | | | | | | | | | |
| | | | | | | | | | | | | | | |
| | | | | | | | | | | | | | | |

**附件 4-5-10**

## 仪器设备期间核查记录表

工程名称： 合同段：

| 日　　期 | 期间核查记录 | 实　施　人 |
|---|---|---|
| | | |
| | | |
| | | |
| | | |
| | | |
| | | |
| | | |
| | | |

记录人： 授权负责人：

**附件 4-5-11**

## 仪器设备流转（调动）记录表

工程名称： 合同段：

| 调出单位 | 调入单位 | 调出时间 | 返回时间 | 设备状态 | 备注 |
|---|---|---|---|---|---|
| | | | | | |
| | | | | | |
| | | | | | |
| | | | | | |
| | | | | | |
| | | | | | |
| | | | | | |
| | | | | | |

统计人： 授权负责人：

## 附件 4-5-12

### 公路工程试验检测送(取)样方法及数量

| 序号 | 试验(检测)项目 | | | 取样方法 | 送(取)样数量 | 试验规程 | 备　　注 |
|---|---|---|---|---|---|---|---|
| 1 | 土工 | 最大干密度、最佳含水率 | | | 30kg | 《公路土工试验规程》(JTG E40—2007) | 来源不同、性质差别较大的土分别做试验;试验用数量按最大粒径不大于40mm的干土质量计 |
| | | CBR | | | 55kg | | |
| | | 室内回弹模量 | | | 30kg | | |
| | | 液限塑限、颗粒分析 | | | 8kg | | |
| 2 | 水泥 | 抗压(折)强度、凝结时间、安定性、标准稠度、细度(比表面积) | | 每1/10编号从一袋中等量取出(袋装)或1/10编号中在5min内等量(散装),密封包装 | 12kg | 《公路工程水泥及水泥混凝土试验规程》(JTG E30—2005)、水泥取样方法(GB/T 12573—2008) | 同一厂家、同一品种、同强度等级、同一编号为一批 |
| 3 | 粉煤灰 | 细度、需水量比、烧失量、含水率 | | 应从10个以上不同部位、深度等量取样组成,密封包装 | 5kg | 《用于水泥和混凝土中的粉煤灰》(GB/T 1596—2005) | 连续供应的相同等级、相同种类200t为一批,不足200t者按一批计 |
| 4 | 钢筋 | 原材 | 极限(屈服)强度、伸长率 | 任取一根钢筋的正常部位截取相邻两试样 | 50cm×2根<br>70cm×2根<br>($\phi<16$mm) | 《金属材料　室温拉伸　第1部分:室温试验方法》(GB/T 228.1—2010)、《金属材料　弯曲试验方法》(GB/T 232—2010)、《公路桥梁施工技术规范》(JTG/T F50—2011) | 同一炉号、罐号、规格60t为一批,不足60t者按一批计;冷拉钢筋每批不大于20t,精轧螺纹钢每批不大于100t;圆盘条冷弯试验取一根;复检加倍取样数量 |
| | | | 冷弯 | | 25cm×2根 | | |
| | | 焊接(连接) | 极限强度、冷弯(闪光对焊) | 焊接钢筋应预弯使两钢筋轴线在一直线,截取长度为连(焊)接长度+22.5(cm)×2 | 3根(闪光对焊6根) | | 同焊工、同焊接条件、相同规格300个接头为一批,不足300个接头按一批计 |
| 5 | 碎石 | 级配、压碎值、针片状颗粒含量、含泥量 | | (见注释) | | 《公路桥涵施工技术规范》(JTG/T F50—2011) | 400m³(机械生产)或200m³(人工搅拌)为一批 |
| 6 | 砂 | 级配、含泥量 | | | | | |
| 7 | 外加剂 | 性能指标、均质性指标 | | 点样(一次生产的产品所得试样)或混合样(为三个或更多的点样等量混合而得) | 不少于0.2t水泥所需用外加剂量(未考虑其余材料) | 《混凝土外加剂》(GB 8076—2008) | 掺量≥1%同品种100t、掺量<1%同品种50t为同一编号,不足100t或50t按一编号计 |

续上表

| 序号 | 试验(检测)项目 | | | 取样方法 | 送(取)样数量 | 试验规程 | 备　注 |
|---|---|---|---|---|---|---|---|
| 8 | 钢绞线 | 最大拉力、伸长率 | | 端部正常部位截取，用砂轮机切割，切割后不应松散 | 100mm×3 根 | 《预应力混凝土用钢绞线》(GB/T 5224—2014)、《公路桥涵施工技术规范》(JTG/T F50—2011) | 每批不大于60t |
| 9 | 土工合成材料 | 土工布 | 厚度、单位面积质量、拉伸长度、伸长率、CBR、垂直渗透系数等 | 卷装材料的头两层不应取样，全部试样在同一样品中截取，且应无破损，卷装呈原封不动状，避免污迹、折痕、空洞或其他损伤 | $4m^2$ | 《公路工程土工合成材料》等九部规范，即(JT/T 513—2004)～(JT/T 521—2004) | 同一牌号的原料、同一配方、同一规格的产品为一批，每批不超过500卷(每卷长30m) |
| | | 土工格栅 | 拉伸强度、拉伸率、单位面积质量等 | | $2m^2$ | | |
| 10 | 粗集料 | 级配、表观密度、堆积密度、含水率、吸水率、含泥量、针片状颗粒含量、压碎值、坚固性 | | (见注释) | 130kg(以最大公称粒径31.5mm计) | 《公路沥青路面施工技术规范》(JTG F40—2004) | 同一料源、同一次购入并运至生产现场的同一规格材料为一批 |
| 11 | 细集料 | 级配、表观密度、堆积密度、含泥量、砂当量 | | | 20kg(以堆积密度试验量确定，并考虑四分法) | | |
| 12 | 沥青原材 | 普通沥青 | 针入度、软化点、延度、动力黏度、蜡含量、薄膜加热试验、闪点 | (见JTG E20—2011) | ≥1.5kg | 《公路沥青路面施工技术规范》(JTG F40—2004)《公路工程沥青及沥青混合料试验规程》(JTG E20—2011) | 同一料源、同一次购入且储入同一沥青罐的同一规格沥青为一批；盛样器采用广口、密封带盖金属容器(如锅、桶) |
| | | 改性沥青 | 针入度、软化点、延度、运动黏度、薄膜加热试验、闪点、弹性恢复、离析 | | | | |
| | | 乳化沥青 | 粒子电荷、筛上剩余量、恩格拉黏度、蒸发残留物、储存稳定性 | | ≥4L | | |
| | | 液体沥青 | 黏度、蒸发残留物、闪点、含水率 | | ≥1L | | |

续上表

| 序号 | 试验(检测)项目 | | | 取样方法 | 送(取)样数量 | 试验规程 | 备　注 |
|---|---|---|---|---|---|---|---|
| 13 | (底)基层混合料 | 最大干密度、最佳含水率 | | (见注释) | 20kg | 《公路工程无机结合料稳定材料试验规程》(JTG E51—2009) | 中粒土(最大粒径≤10mm)干土质量,含水泥、石屑,未包括集料试验 |
| | | | | | 70kg | | 粗粒土(最大粒径≤40mm)干土质量,含水泥、石屑、碎石,未包括集料试验 |
| | | 无侧限抗压强度(混合料制件) | | | 25kg | | 中粒土(最大粒径≤10mm),含水泥、石屑,未包括集料试验 |
| | | | | | 120kg | | 粗粒土(最大粒径≤40mm),含水泥、石屑、碎石,未包括集料试验 |
| | | 无侧限抗压强度(试件) | | 符合密封保湿、完整性要求 | 9 个 | | 中粒土(最大粒径≤25mm) |
| | | | | | 13 个 | | 粗粒土(最大粒径≤40mm) |
| | | 水泥剂量 | 标准曲线 | (所掺碎石取样见注释) | 13kg | | 含水泥、石屑、碎石,未包括集料试验 |
| | | | 剂量 | (参考注释) | 3kg | | |
| 14 | 沥青混合料 | 马歇尔试验、抽提筛分 | | (见注释) | ≥12kg | 《公路沥青路面施工技术规范》(JTG F40—2004)、《公路工程沥青及沥青混合料试验规程》(JTG E20—2011) | 盛样器采用搪瓷盘或其他金属容器、塑料编织袋 |
| | | 车辙试验 | | | ≥50kg | | 成型 4 个试件,不收冷料 |
| | | 冻融劈裂试验 | | | ≥12kg | | 不少于 8 个试件 |

注:粗集料取样方法如下,①骤停状态的皮带运输机截取全部材料或连续一定时间,间隔 3 次以上所取的料组成;②从料堆顶、中、底(铲除堆脚)不同部位均匀抽取大致相等的料组成;③从车、船的不同部位、深度抽取大致相等的料组成;④沥青拌和料:正式生产的至少第五锅后从每个热料仓全断面放出至水泥地上的料岩拌和,再从三处不同位置取样拌和组成。

**配合比试验所需样品数量**

| 序号 | 项　　目 | 试验样品数量 | 频　　率 |
| --- | --- | --- | --- |
| 1 | 水泥混凝土抗压配合比 | 水泥 50kg、砂 70kg、碎石 120kg、掺合料 10kg、外加剂 1kg | 不同强度等级必须做一次 |
| 2 | 水泥混凝土抗折配合比 | 水泥 100kg、砂 140kg、(两种以上)碎石 240kg、外加剂 2kg | |
| 3 | 水泥砂浆配合比 | 水泥 10kg、砂 50kg | |
| 4 | 无机结合料(底)基层配合比 | 水泥 20kg、粗集料 240kg、细集料 200kg | |
| 5 | 沥青混合料目标配合比 | 沥青原材 4 ~ 10kg[2 桶(锅)]、粗集料 100kg、细集料 40kg、填料 5kg | 各沥青结构层各做一次 |

注:用料取样方法与各原材料取样方法相应。

## 附件 4-5-13

**试验检测取样台账**

工程名称:　　　　　　　　　　　　　　　　合同段:

| 序号 | 样品名称 | 样品编号 | 厂家(产地)/取样地点 | 取样日期 | 取样人 | 见证人 |
| --- | --- | --- | --- | --- | --- | --- |
| | | | | | | |
| | | | | | | |
| | | | | | | |
| | | | | | | |
| | | | | | | |
| | | | | | | |
| | | | | | | |
| | | | | | | |
| | | | | | | |
| | | | | | | |

## 附件 4-5-14

### 试验检测留样样品明细表

工程名称：　　　　　　　　　　　　　　　　合同段：

| 序号 | 样品名称 | 试验 | 取样地 | 取样时间 | 取样人 | 留样时间 | 合格/不合格 |
|---|---|---|---|---|---|---|---|
| | | | | | | | |
| | | | | | | | |
| | | | | | | | |
| | | | | | | | |
| | | | | | | | |
| | | | | | | | |
| | | | | | | | |
| | | | | | | | |

统计人：　　　　　　　　　　　　　　　　授权负责人：

## 附件 4-5-15

### 试验检测合格样品/试件留样明细表

工程名称：　　　　　　　　　　　　　　　　合同段：

| 序号 | 样品名称 | 样品编号 | 厂家(产地)/取样地点 | 取样日期 | 试验人 |
|---|---|---|---|---|---|
| | | | | | |
| | | | | | |
| | | | | | |
| | | | | | |
| | | | | | |
| | | | | | |
| | | | | | |
| | | | | | |

统计人：　　　　　　　　　　　　　　　　授权负责人：

**附件 4-5-16**

## 工程期间试验检测留存样品处理单

工程名称：　　　　　　　　　　　　　　　　　　合同段：

| 序号 | 样品名称 | 厂家(产地)/取样地点 | 取样日期 | 保留期限 | 处理方式 | 处理日期 | 处理人 |
|---|---|---|---|---|---|---|---|
| | | | | | | | |
| | | | | | | | |
| | | | | | | | |
| | | | | | | | |
| | | | | | | | |
| | | | | | | | |
| | | | | | | | |
| | | | | | | | |

**附件 4-5-17**

## 化学药品使用台账

工程名称：　　　　　　　　　　　　　　　　　　合同段：

| 序号 | 名称 | 购进日期 | 有效期 | 使用数量 | 用　途 | 库存剩余数量 | 使用人 | 使用时间 |
|---|---|---|---|---|---|---|---|---|
| | | | | | | | | |
| | | | | | | | | |
| | | | | | | | | |
| | | | | | | | | |
| | | | | | | | | |
| | | | | | | | | |
| | | | | | | | | |
| | | | | | | | | |

**附件 4-5-18**

## 化 学 药 品 标 签

工程名称：　　　　　　　　　　　　　　　　　　合同段：

| 化学药品名称 | |
| --- | --- |
| 生产厂家 | |
| 产地 | |
| 购买日期 | |
| 有效期 | |

**附件 4-5-19**

## 化学药品重新鉴别台账

工程名称：　　　　　　　　　　　　　　　　　　合同段：

| 序号 | 样品名称 | 鉴别机构 | 鉴别日期 | 备注 |
| --- | --- | --- | --- | --- |
| | | | | |
| | | | | |
| | | | | |
| | | | | |
| | | | | |

**附件 4-5-20**

## 化学药品销毁台账

工程名称：　　　　　　　　　　　　　　　　　　合同段：

| 序号 | 化学药品名称 | 销毁原因 | 销毁数量 | 销毁日期 | 销毁人 |
| --- | --- | --- | --- | --- | --- |
| | | | | | |
| | | | | | |
| | | | | | |
| | | | | | |
| | | | | | |

## 附件 4-5-21

### 标准物质使用台账

工程名称：　　　　　　　　　　　　　　合同段：

| 序号 | 标准物质名称 | 技术指标 | 定级鉴定机构 | 有效期 | 用途 | 使用人 | 使用日期 |
|---|---|---|---|---|---|---|---|
| | | | | | | | |
| | | | | | | | |
| | | | | | | | |
| | | | | | | | |
| | | | | | | | |
| | | | | | | | |
| | | | | | | | |
| | | | | | | | |
| | | | | | | | |
| | | | | | | | |
| | | | | | | | |
| | | | | | | | |
| | | | | | | | |

## 附件 4-5-22

### 标 准 物 质 标 识

工程名称：　　　　　　　　　　　　　　合同段：

| 标准物质名称 | | | | | | |
|---|---|---|---|---|---|---|
| 等级 | | | | | | |
| 生产厂家 | | | | | | |
| 批号 | | | | | | |
| 合格证书号 | | | | | | |
| 有效期 | | | | | | |

**附件 4-5-23**

## 土 工 试 验 台 账

工程名称：　　　　　　　　　　　　　　　　合同段：

| 序号 | 日期 | 代表桩号、取土场 | 试验编号 | 拟用部位 | 试验项目 | | | | | | | | | | 试验人 | 备注 |
|---|---|---|---|---|---|---|---|---|---|---|---|---|---|---|---|---|
| | | | | | 颗粒分析 | | 液塑限 | | | | | | | | | |
| | | | | | $C_u$ | $C_c$ | $W_L$ (%) | $W_P$ (%) | $I_P$ (%) | $\rho_{max}$ (g/cm$^3$) | $W_{opt}$ (%) | $K=93$ (%) | $K=94$ (%) | $K=96$ (%) | | |
| | | | | | | | | | | | | | | | | |
| | | | | | | | | | | | | | | | | |
| | | | | | | | | | | | | | | | | |
| | | | | | | | | | | | | | | | | |
| | | | | | | | | | | | | | | | | |
| | | | | | | | | | | | | | | | | |

统计人：　　　　　　　　　　　　　　　　　　授权负责人：

**附件 4-5-24**

## 粗集料试验台账

工程名称：　　　　　　　　　　　　　　　　合同段：

| 序号 | 日期 | 材料产地、名称及规格 | 试验编号 | 代表数量 (m$^3$) | 使用部位 | 试验项目及结果 | | | | | | | | 是否合格 | 试验人 | 备注 |
|---|---|---|---|---|---|---|---|---|---|---|---|---|---|---|---|---|
| | | | | | | 筛分 | 含泥量 (%) | 泥块含量 (%) | 表观密度 (g/cm$^3$) | 堆积密度 (g/cm$^3$) | 空隙率 (%) | 针片状 (%) | 压碎值 (%) | | | |
| | | | | | | | | | | | | | | | | |
| | | | | | | | | | | | | | | | | |
| | | | | | | | | | | | | | | | | |
| | | | | | | | | | | | | | | | | |
| | | | | | | | | | | | | | | | | |
| | | | | | | | | | | | | | | | | |

统计人：　　　　　　　　　　　　　　　　　　授权负责人：

**附件 4-5-25**

## 细集料试验台账

工程名称：　　　　　　　　　　　　　　　　　　　　合同段：

| 序号 | 日期 | 材料产地、名称及规格 | 试验编号 | 代表数量（$m^3$） | 使用部位 | 试验项目及结果 | | | | | | | | 备注 |
|---|---|---|---|---|---|---|---|---|---|---|---|---|---|---|
| | | | | | | 筛分 | 含泥量（%） | 泥块含量（%） | 表观密度（$g/cm^3$） | 堆积密度（$g/cm^3$） | 紧装密度（$g/cm^3$） | 是否合格 | 试验人 | |
| | | | | | | | | | | | | | | |
| | | | | | | | | | | | | | | |
| | | | | | | | | | | | | | | |
| | | | | | | | | | | | | | | |
| | | | | | | | | | | | | | | |
| | | | | | | | | | | | | | | |

统计人：　　　　　　　　　　　　　　　　　　　　　　　　授权负责人：

**附件 4-5-26**

## 钢筋原材料试验台账

工程名称：　　　　　　　　　　　　　　　　　　　　合同段：

| 序号 | 日期 | 厂家及规格 | 试验编号 | 代表数量（t） | 批号 | 使用部位 | 试验项目及结果 | | | | | | 是否合格 | 试验人 | 备注 |
|---|---|---|---|---|---|---|---|---|---|---|---|---|---|---|---|
| | | | | | | | 拉伸 | | | 弯曲 | 可焊性 | 机械连接 | | | |
| | | | | | | | 屈服强度（MPa） | 抗拉强度（MPa） | 伸长率（%） | | | | | | |
| | | | | | | | | | | | | | | | |
| | | | | | | | | | | | | | | | |
| | | | | | | | | | | | | | | | |
| | | | | | | | | | | | | | | | |
| | | | | | | | | | | | | | | | |
| | | | | | | | | | | | | | | | |

统计人：　　　　　　　　　　　　　　　　　　　　　　　　授权负责人：

**附件 4-5-27**

## 钢筋焊接试验台账

工程名称：　　　　　　　　　　　　　　合同段：

| 序号 | 日期 | 厂家及规格 | 结构名称 | 试验编号 | 使用部位 | 试验项目 | 是否合格 | 试验人 | 备注 |
|---|---|---|---|---|---|---|---|---|---|
| | | | | | | 拉伸 | | | |
| | | | | | | | | | |
| | | | | | | | | | |
| | | | | | | | | | |
| | | | | | | | | | |
| | | | | | | | | | |
| | | | | | | | | | |
| | | | | | | | | | |

统计人：　　　　　　　　　　　　　　　　授权负责人：

**附件 4-5-28**

## 水 泥 试 验 台 账

工程名称：　　　　　　　　　　　　　　合同段：

| 序号 | 日期 | 水泥厂家及强度等级 | 试验编号 | 代表数量(t) | 批号 | 使用部位 | 试 验 项 目 | | | | | | | | | 是否合格 | 试验人 | 备注 |
|---|---|---|---|---|---|---|---|---|---|---|---|---|---|---|---|---|---|---|
| | | | | | | | 抗折强度(MPa) | | 抗压强度(MPa) | | 细度 | | 初凝时间(min) | 终凝时间(min) | 安定性(mm) | | | |
| | | | | | | | 3d | 28d | 3d | 28d | 比表面积($m^2$/kg) | 筛余(%) | | | | | | |
| | | | | | | | | | | | | | | | | | | |
| | | | | | | | | | | | | | | | | | | |
| | | | | | | | | | | | | | | | | | | |
| | | | | | | | | | | | | | | | | | | |
| | | | | | | | | | | | | | | | | | | |
| | | | | | | | | | | | | | | | | | | |
| | | | | | | | | | | | | | | | | | | |

统计人：　　　　　　　　　　　　　　　　授权负责人：

**附件 4-5-29**

## 混凝土配合比台账

工程名称：　　　　　　　　　　　　　　　　　　合同段：

| 序号 | 配合比编号 | 试验日期 | 强度等级 | 设计坍落度(mm) | 使用部位 | 材料产地及每立方米用量(kg) | | | | | | | | | | | | 抗压结果 | | 备注 |
|---|---|---|---|---|---|---|---|---|---|---|---|---|---|---|---|---|---|---|---|---|
| | | | | | | 水泥 | | | 砂 | | | 碎石 | | | 外加剂 | | | $W/C$ | 28d(MPa) | |
| | | | | | | 厂家 | 强度等级 | 用量 | 产地 | 规格 | 用量 | 产地 | 规格 | 用量 | 厂家 | 型号 | 用量 | | | |
| | | | | | | | | | | | | | | | | | | | | |
| | | | | | | | | | | | | | | | | | | | | |
| | | | | | | | | | | | | | | | | | | | | |
| | | | | | | | | | | | | | | | | | | | | |
| | | | | | | | | | | | | | | | | | | | | |
| | | | | | | | | | | | | | | | | | | | | |
| | | | | | | | | | | | | | | | | | | | | |

统计人：　　　　　　　　　　　　　　　　　　授权负责人：

**附件 4-5-30**

## 水泥混凝土抗压强度试验台账

工程名称：　　　　　　　　　　　　　　　　　　合同段：

| 序号 | 日期 | 结构名称 | 试验编号 | 使用部位 | 设计强度(MPa) | 试验项目 | | 是否合格 | 试验人 | 备注 |
|---|---|---|---|---|---|---|---|---|---|---|
| | | | | | | 28d 强度值(MPa) | | | | |
| | | | | | | | | | | |
| | | | | | | | | | | |
| | | | | | | | | | | |
| | | | | | | | | | | |
| | | | | | | | | | | |
| | | | | | | | | | | |
| | | | | | | | | | | |

统计人：　　　　　　　　　　　　　　　　　　授权负责人：

**附件 4-5-31**

## 砂浆配合比试验台账

工程名称：　　　　　　　　　　　　　　　　合同段：

| 序号 | 配合比编号 | 试验日期 | 强度等级 | 稠度（cm） | 分层度（cm） | 使用部位 | 材料产地及每方材料用量(kg) | | | | | | | | 配合比 | 试验结果 | | 备注 |
|---|---|---|---|---|---|---|---|---|---|---|---|---|---|---|---|---|---|---|
| | | | | | | | 水泥 | | | 砂 | | | 水 | | | 7d | 28d | |
| | | | | | | | 牌号 | 强度等级 | 用量 | 产地 | 规格 | 用量 | 名称 | 用量 | | | | |
| | | | | | | | | | | | | | | | | | | |
| | | | | | | | | | | | | | | | | | | |
| | | | | | | | | | | | | | | | | | | |
| | | | | | | | | | | | | | | | | | | |
| | | | | | | | | | | | | | | | | | | |
| | | | | | | | | | | | | | | | | | | |
| | | | | | | | | | | | | | | | | | | |

统计人：　　　　　　　　　　　　　　　　　　授权负责人：

**附件 4-5-32**

## 砂浆抗压强度试验台账

工程名称：　　　　　　　　　　　　　　　　合同段：

| 序号 | 日期 | 结构名称 | 试验编号 | 使用部位 | 试验项目 | 是否合格 | 试验人 | 备注 |
|---|---|---|---|---|---|---|---|---|
| | | | | | 抗压强度(MPa) | | | |
| | | | | | | | | |
| | | | | | | | | |
| | | | | | | | | |
| | | | | | | | | |
| | | | | | | | | |
| | | | | | | | | |
| | | | | | | | | |

统计人：　　　　　　　　　　　　　　　　　　授权负责人：

**附件 4-5-33**

## 沥青三大指标台账

工程名称：　　　　　　　　　　　　　　　　合同段：

| 序号 | 取样地点 | 厂家及规格 | 代表数量(t) | 试验日期 | 试验人 | 试验项目 | | | | 备注 |
|---|---|---|---|---|---|---|---|---|---|---|
| | | | | | | 针入度(0.1mm) | 软化点(℃) | 延度(cm) | 是否合格 | |
| | | | | | | | | | | |
| | | | | | | | | | | |
| | | | | | | | | | | |
| | | | | | | | | | | |
| | | | | | | | | | | |
| | | | | | | | | | | |
| | | | | | | | | | | |

统计人：　　　　　　　　　　　　　　　　授权负责人：

**附件 4-5-34**

## 沥青混合料试验台账

工程名称：　　　　　　　　　　　　　　　　合同段：

| 序号 | 取样地点 | 施工段落 | 试验日期 | 试验人 | 沥青含量(%) | 矿料级配 | 密度(g/cm$^3$) | | 空隙率(%) | 矿料间隙率(%) | 饱和度(%) | 稳定度(kN) | 流值(0.1mm) | 残留稳定度(%) | 备注 |
|---|---|---|---|---|---|---|---|---|---|---|---|---|---|---|---|
| | | | | | | | 理论 | 实际 | | | | | | | |
| | | | | | | | | | | | | | | | |
| | | | | | | | | | | | | | | | |
| | | | | | | | | | | | | | | | |
| | | | | | | | | | | | | | | | |
| | | | | | | | | | | | | | | | |
| | | | | | | | | | | | | | | | |
| | | | | | | | | | | | | | | | |

统计人：　　　　　　　　　　　　　　　　授权负责人：

**附件 4-5-35**

## 地基承载力试验台账

工程名称：　　　　　　　　　　　　　　　　　　　　合同段：

| 序号 | 日期 | 结构名称 | 设计承载力（kPa） | 试验编号 | 部位 | 试验项目<br>承载力（kPa） | 是否合格 | 试验人 | 备注 |
|---|---|---|---|---|---|---|---|---|---|
| | | | | | | | | | |
| | | | | | | | | | |
| | | | | | | | | | |
| | | | | | | | | | |
| | | | | | | | | | |
| | | | | | | | | | |
| | | | | | | | | | |

统计人：　　　　　　　　　　　　　　　　　　　　授权负责人：

**附件 4-5-36**

## 外 委 试 验 台 账

工程名称：　　　　　　　　　　　　　　　　　　　　合同段：

| 序号 | 外委材料及规格 | 报告日期 | 外委报告编号 | 材料产地 | 外委试验项目 | 外委单位 | 检测结果 | 备注 |
|---|---|---|---|---|---|---|---|---|
| | | | | | | | | |
| | | | | | | | | |
| | | | | | | | | |
| | | | | | | | | |
| | | | | | | | | |
| | | | | | | | | |
| | | | | | | | | |

统计人：　　　　　　　　　　　　　　　　　　　　授权负责人：

**附件 4-5-37**

## 不合格品处理台账

工程名称：　　　　　　　　　　　　　　　　合同段：

| 序号 | 试验时间 | 不合格品名称 | 不合格项目 | 所属单位 | 处理方法 | 处理结果 | 备注 |
|---|---|---|---|---|---|---|---|
| | | | | | | | |
| | | | | | | | |
| | | | | | | | |
| | | | | | | | |
| | | | | | | | |
| | | | | | | | |
| | | | | | | | |
| | | | | | | | |
| | | | | | | | |
| | | | | | | | |
| | | | | | | | |
| | | | | | | | |
| | | | | | | | |
| | | | | | | | |
| | | | | | | | |
| | | | | | | | |
| | | | | | | | |
| | | | | | | | |
| | | | | | | | |
| | | | | | | | |

统计人：　　　　　　　　　　　　　　　　　　授权负责人：

**附件 4-5-38**

# 试验室环境温湿度控制要求

## 一、水泥试验

1. 水泥比表面积测定:试验室相对湿度不大于 50% 。

2. 水泥胶砂强度检验:

(1)试件成型试验室的温度应保持在 20℃ ±2℃,相对湿度应不低于 50% 。

(2)试件付模养护的养护箱或雾室温度保持在 20℃ ±1℃,相对湿度不低于 90% 。

(3)试件养护池水温度应在 20℃ ±1℃范围内。

3. 水泥标准稠度用水量、凝结时间、安定性检验:

(1)试验室温度为 20℃ ±2℃,相对湿度应低于 50%;水泥试样、拌和水、仪器和用具的温度应与试验室一致。

(2)湿气养护箱的温度为 20℃ ±1℃,相对湿度不低于 90% 。

## 二、水泥混凝土试验

1. 水泥混凝土试件制作与硬化水泥混凝土现场取样养护:

(1)试件成型后,用湿布覆盖表面(或其他保持湿度方法),在室温 20℃ ±5℃,相对湿度大于 50% 的环境下静放 1 ~2 个昼夜,然后拆模并作第一次外观检查、编号,对于有缺陷的试件应除去,或人工补平。

(2)将完好的试件放入养护箱进行养护,标准养护温度 20℃ ±1℃,相对湿度 95% 以上。试件宜放在铁架或木架上,间距至少为 10 ~20mm。试件表面应保持一层水膜,并避免用水直接冲淋。当无标准养护室时,将试件放入温度 20℃ ±2℃不流动的 $Ca(OH)_2$ 饱和溶液中养护。

2. 无机结合料稳定材料的无侧限抗压强度试验:试件从试模内脱出并称重后,应立即放到密封湿气箱和恒温室进行保温保湿养生。但中试件和大试件应先用塑料薄膜包覆。有条件时,可采用蜡封保湿养生。养生时间视需要而定,作为工地控制,通常都只取 7d。整个养生期间的温度应保持在 20℃ ±2℃,相对湿度在 95% 以上。

## 三、钢筋试验

1. 焊接接头弯曲试验:除非另外有规定,试验环境温度应为 23℃ ±5℃。

2. 焊接接头拉伸试验:除非另外有规定,试验环境温度为 23℃ ±5℃。

3. 金属材料室温拉伸试验:除非另外有规定,试验一般在 10 ~35℃范围内进行,对温度要求严格的试验,试验温度应为 23℃ ±5℃。

## 四、沥青实验

大部分沥青原材料试验均有试验温度要求,为使沥青试验尽可能在恒温条件下进行,保证试验结果的准确性,必须要对试验环境进行有效控制,在沥青室中应装冷热空调。

# 参考文献


[1] 中华人民共和国国家标准. GB 50086—2001 锚杆喷射混凝土支护技术规范[S]. 北京:中国计划出版社,2001.

[2] 中华人民共和国国家标准. GB 50330—2013 建筑边坡工程技术规范[S]. 北京:中国建筑工业出版社,2014.

[3] 中华人民共和国行业标准. JTG F10—2006 公路路基施工技术规范[S]. 北京:人民交通出版社,2006.

[4] 中华人民共和国行业标准. JTG F40—2004 公路沥青路面施工技术规范[S]. 北京:人民交通出版社,2004.

[5] 中华人民共和国行业标准. JTG D30—2015 公路路基设计规范[S]. 北京:人民交通出版社,2015.

[6] 中华人民共和国行业标准. JTG D50—2006 公路沥青路面设计规范[S]. 北京:人民交通出版社,2006.

[7] 中华人民共和国行业标准. JTG D70—2004 公路隧道设计规范[S]. 北京:人民交通出版社,2004.

[8] 中华人民共和国行业标准. JTG/T F20—2015 公路路面基层施工技术细则[S]. 北京:人民交通出版社,2015.

[9] 中华人民共和国行业标准. JTG/T F50—2011 公路桥涵施工技术规范[S]. 北京:人民交通出版社,2011.

[10] 中华人民共和国行业标准. JTG F60—2009 公路隧道施工技术规范[S]. 北京:人民交通出版社,2009.

[11] 中华人民共和国行业标准. JTG/T F60—2009 公路隧道施工技术细则[S]. 北京:人民交通出版社,2009.

[12] 中华人民共和国行业标准. JTG F80/1—2004 公路工程质量检验评定标准(土建工程)[S]. 北京:人民交通出版社,2004.

[13] 中华人民共和国地质矿产行业标准. DZ/T 0219—2006 滑坡防治工程设计与施工技术规范[S]. 北京:中国标准出版社,2006.

[14] 中华人民共和国行业标准. TB 10025—2006 铁路路基支挡结构设计规范[S]. 北京:中国铁道出版社,2006.

[15] 湖北省交通运输厅. 湖北省高速公路建设标准化指南(第三分册 工地实验室建设及管理)[M]. 北京:人民交通出版社,2013.

[16] 福建高速公路建设总指挥部. 福建省高速公路施工标准化管理指南(第一分册 工地建设)[M]. 北京:人民交通出版社,2013.

[17] 福建高速公路建设总指挥部. 福建省高速公路施工标准化管理指南(第二分册 路基工程)[M]. 北京:人民交通出版社,2013.

[18] 福建高速公路建设总指挥部. 福建省高速公路施工标准化管理指南(第三分册 路面工程及交通安全设施)[M]. 北京:人民交通出版社,2013.

[19] 福建高速公路建设总指挥部. 福建省高速公路施工标准化管理指南(第四分册 桥梁工程)[M]. 北京:人民交通出版社,2013.

[20] 福建高速公路建设总指挥部. 福建省高速公路施工标准化管理指南(第五分册　隧道工程)[M]. 北京:人民交通出版社,2013.

[21] 福建高速公路建设总指挥部. 福建省高速公路施工标准化管理指南(第六分册　高边坡与滑坡工程)[M]. 北京:人民交通出版社,2013.

[22]《公路路基设计手册》编写组. 公路路基设计手册[M]. 北京:人民交通出版社,1982.

[23] 交通部第二公路勘察设计院. 路基[M]. 北京:人民交通出版社,1996.

[24] 交通运输部工程质量监督局. 公路工程工地实验室标准化指南[M]. 北京:人民交通出版社,2013.

[25] 交通运输部职业资格中心. 公路工程技术与计量[M]. 北京:人民交通出版社股份有限公司,2014.

[26] 中华人民共和国交通运输部. 公路工程标准施工招标文件(2009 年版)[M]. 北京:人民交通出版社,2009.

[27] 中交第一公路工程局有限公司. 公路工程施工工艺标准(桥涵)[M]. 北京:人民交通出版社,2007.

[28] 中交第一公路工程局有限公司. 公路工程施工工艺标准[M]. 北京:人民交通出版社,2007.

[29] 浙江省交通运输厅. 浙江省高速公路施工标准化管理实施细则(第一分册　工地建设标准化)[M]. 北京:人民交通出版社,2013.

[30] 浙江省交通运输厅. 浙江省高速公路施工标准化管理实施细则(第十分册　管理标准化)[M]. 北京:人民交通出版社,2013.

[31] 河北省交通运输厅. 河北省高速公路施工标准化管理指南(第一部分　管理标准化)[M]. 北京:人民交通出版社,2012.

[32] 刘吉士,阎洪河,李文琪. 公路桥涵施工技术规范实施手册[M]. 北京:人民交通出版社,2003.

[33] 王秉纲,张起森. 公路施工手册路面[M]. 北京:人民交通出版社,2008.

[34] 程良奎. 岩土锚固[M]. 北京:中国建筑工业出版社,2003.

[35] 闫莫明,徐祯祥,苏自约. 岩土锚固技术手册[M]. 北京:人民交通出版社,2004.